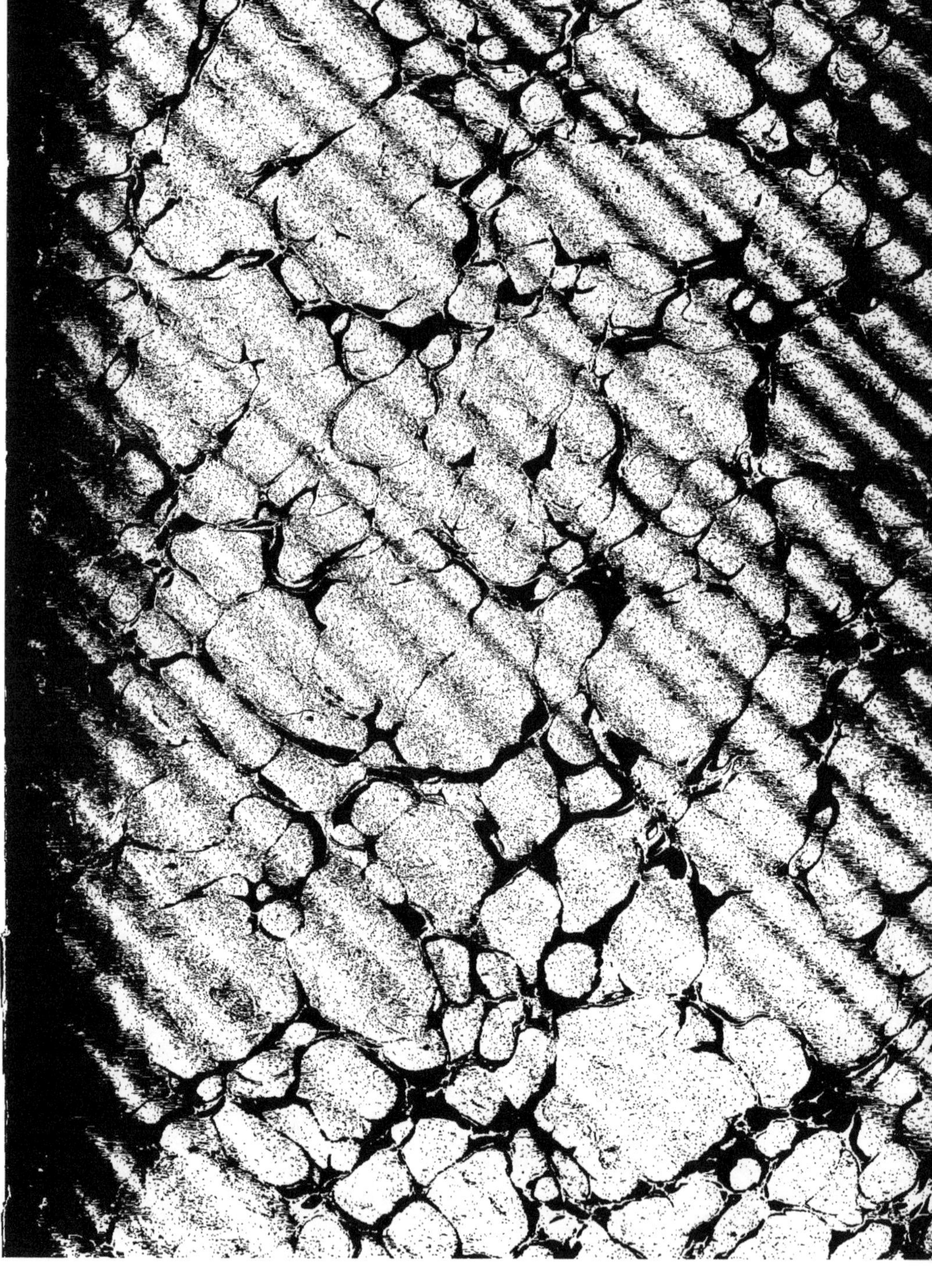

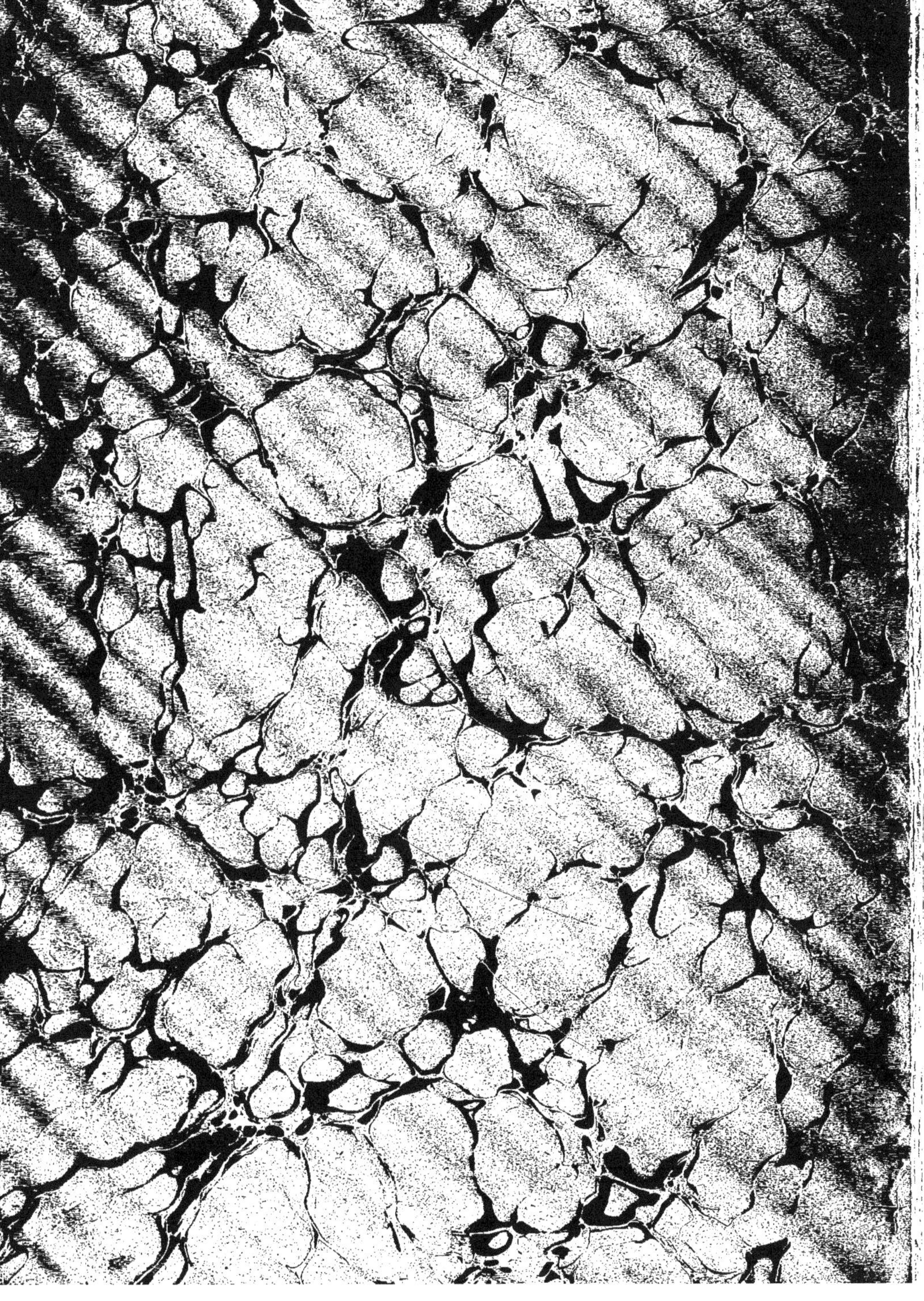

É. RAMIRO

L'ŒUVRE LITHOGRAPHIÉ

DE

FÉLICIEN ROPS

LIBRAIRIE L. CONQUET

L'ŒUVRE LITHOGRAPHIÉ

DE

FÉLICIEN ROPS

L'ŒUVRE LITHOGRAPHIÉ

DE

FÉLICIEN ROPS

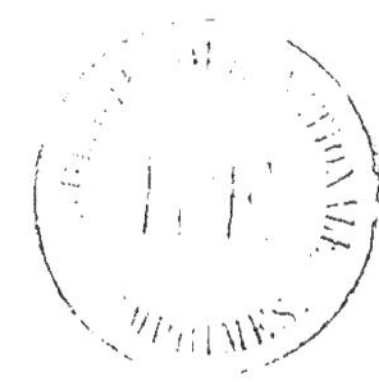

PAR

ÉRASTÈNE RAMIRO

ORNÉ DE SEPT REPRODUCTIONS DE LITHOGRAPHIES
EN TAILLE DOUCE

PARIS
LIBRAIRIE L. CONQUET
5, RUE DROUOT, 5

1891

PRÉFACE

Toutes les lithographies de Félicien Rops datent de 1856 à 1861.

Ce sont donc des œuvres de jeunesse. Elles marquent le début de sa carrière, et l'on peut convenir que certaines des productions rapidement enfantées au jour le jour, sous la pression des exigences du journalisme, ne sont pas à l'abri de toute critique; mais le plus grand nombre offrent un haut intérêt, et plusieurs, autant par une psychologie profonde que par la souplesse d'un art achevé, commandent sans réserve l'admiration.

Le journal *le Crocodile,* où Rops a donné vers 1855 ses premiers coups de plume, avait été créé par quelques étudiants frondeurs, élèves de cette Université de Bruxelles, l'Université Libre, qui n'avait pas d'équivalent en Europe. Là professaient les plus célèbres exilés de France et d'Allemagne; et tous, professeurs et élèves, piqués de la tarentule politique, cultivaient surtout la haine de l'Empire.

Le *Crocodile* fut, quelques mois, leur organe.

A peine reste-t-il trace de ces pages éphémères. Un

peu plus fréquente est la rencontre de l'*Almanach crocodilien*, qui recueillit, sous forme de caricatures légèrement commentées, les bégaiements de la plume et du crayon de Rops.

Le *Crocodile* ayant vécu, ses fondateurs entreprirent autre chose.

Le 3 février 1856 paraissait le 1er numéro de l'*Uylenspiegel*. C'était un petit journal sans grande prétention, établi sur le modèle de notre *Charivari*, et où Rops allait jeter ses croquis pendant près de trois ans.

L'*Uylenspiegel* semble n'avoir eu d'autre ambition que de fournir à d'aimables adolescents l'occasion de s'essayer dans la littérature et la critique[1]. On y blague sans mé-

---

1. A la date du 15 février 1857, dans un article de tête intitulé *Paris chinois*, un des rédacteurs qui signe *Kraski*, traçait ainsi le programme de l'*Uylenspiegel*.

« Il y a un an, quelques jeunes gens fondèrent *Uylenspiegel*.

« Pourquoi?

« Avaient-ils la prétention de détruire une erreur?

« Avaient-ils l'ambition d'établir un système?

« Non, et ils l'avouèrent dès leur début, etc... »

En dépit de cette modestie, et de la tempérance de ses audaces qui nous sembleraient aujourd'hui édifiantes, *Uylenspiegel* excitait en Belgique de pudibondes indignations et des réprobations scandalisées. Qu'on en juge par un article du 20 mai 1857, relatif à une polémique soulevée par la timide hardiesse de ses dessins :

UYLENSPIEGEL

ET LA PRESSE BRUXELLOISE

Réponse au journal le Télégraphe.

« Nos abonnés, et les personnes qui ont assisté avec quelque intérêt à la naissance d'*Uylenspiegel*, et suivi d'un œil bienveillant ses premiers pas dans la carrière épineuse du journalisme, n'ont peut-être pas totalement oublié le but que nous nous sommes proposé en commençant, et la profession de foi que nous avons faite tout d'abord.

« *Uylenspiegel*, — disions-nous il y a quinze mois, en lançant notre pre-

chanceté les travers humains et politiques d'une époque paisible dans un pays calme. Point de virulence caustique, point de nervosités irritantes. Les institutions et les gens y sont battus en brèche avec des battes de velours.

Accordons même que la verve d'*Uylenspiegel* paraîtrait aujourd'hui un peu lourde et surannée. Mais, à Bruxelles comme à Paris, on ne plaisantait pas en 1856 sur le même ton qu'en 1891.

M. Zola n'avait point publié la *Terre*, et personne alors n'eût osé prévoir un roman écrit d'une plume aussi... grasse, par un futur académicien.

L'embryon du *Courrier français* germait à peine dans le cerveau de Jules Roques naissant.

« mier numéro, — ne sera jamais l'organe d'un parti ni d'un homme; il ne « s'occupera ni de questions religieuses ni de questions politiques; les ques- « tions sociales, si dignes d'être étudiées ailleurs, ne seront pas même « effleurées dans ses colonnes. — *Les personnalités blessantes et les allusions « grossières n'y trouveront pas d'accueil.*

« Si comme citoyen notre patron a un drapeau, comme journaliste il « n'en a pas; *il hait les coteries*, et choisira ses ministres partout.

« Tous ceux qui, comme nous, se sentent au cœur un goût vif pour les « lettres, un grand amour pour l'art, peuvent coopérer à notre œuvre; nous « ne fermons pas la porte après nous. Ceci est une arène ouverte à toutes « les plumes *courtoises*, qui, ne cachant dans leurs barbes ni pédantisme ni « ennui, voudront bien tenir compte de notre profession de foi. »

« Et plus loin :

« Nous avons la plus profonde horreur pour le parti pris et l'éreintement « prémédité; mais nous croyons que transformer les colonnes d'un journal « en cassolettes hebdomadaires, c'est rendre à l'art en général et aux ar- « tistes en particulier le plus mauvais service : aussi, nos appréciations « seront franches et nettes; nous dirons la vérité sans l'entortiller de pré- « cautions oratoires, sans céder à des considérations de réputations faites et « de positions acquises; et si dès aujourd'hui nous nous montrons sévères, « c'est que nous avons foi en l'avenir de nos artistes... Personne plus que « nous n'est persuadé de la vérité de ce vers du bonhomme :

Rien n'est si dangereux qu'un maladroit ami.

« Nos lecteurs savent avec quelle scrupuleuse fidélité nous avons suiv

Enfin, pour l'époque, ce n'était pas mal, sans que les légendes valussent celles de Gavarni, de Daumier ou de Forain.

Aussi bien faut-il se garder d'établir une comparaison entre Rops, Gavarni et Daumier. Qu'il se rencontre dans quelques pièces du débutant des souvenirs, des inspirations empruntées aux deux maîtres qui brillaient alors de leur plus vif éclat, c'était inévitable. Mais le fait est rare. On peut affirmer que Rops a été tout de suite un original et un indépendant. Quiconque aura vu dix de ses lithographies, et les aura étudiées un instant, en reconnaîtra cent autres sans hésiter. C'est le propre des grands artistes d'imposer leur caractère à la mémoire.

---

jusqu'aujourd'hui la ligne de conduite que nous nous sommes tracée dès le début. La presse bruxelloise tout entière et tous les grands journaux de la province, n'ont eu que des témoignages d'affectueuse sympathie et d'encouragement pour notre jeune publication. Plusieurs journaux de Paris ont parlé de nous avec des éloges trop flatteurs peut-être; seul, dans ce concert de paroles amies, un journal bruxellois fait retentir sa voix discordante et désagréable. »

« Le *Télégraphe*, dans le feuilleton de son numéro du 2 mai dernier, se livre envers nous à des attaques que rien ne justifie, et qui seraient le comble de la méchanceté bête et de la malveillance brutale, si elles ne sont pas l'expression de quelque rancune personnelle ou de quelque amour-propre blessé au vif. Voici ce factum :

« Je dois exprimer ici le regret de ce que deux jeunes artistes pleins « d'avenir, de talent et d'originalité, soient sur la plus mauvaise pente du « monde, celle qui mène à la déconsidération. MM. De Groux et Rops, dans « un journal satirique intitulé : *Uylenspiegel*, publient une suite de litho- « graphies dessinées avec une certaine habileté, mais d'une moralité très « équivoque. Les grandes vertus sociales sont, de la part de ces messieurs, « l'objet d'un profond mépris, et il faut voir avec quelle impudeur sont « traités des sentiments que nous avons l'habitude de vénérer. De temps en « temps ces dessins sont faits de main de maître, et l'on doit regretter que « l'art se mette ainsi au service d'une démoralisation qui, il faut l'espérer, « ne dépasse pas le seuil de la porte de ce journal.

« La rédaction de l'*Uylenspiegel* n'est guère plus heureuse ni plus mo-

Malgré des inégalités évidentes, l'illustration de l'*Uylenspiegel* est très supérieure au texte. De premier jet Rops a possédé les plus fines ressources de son métier. Tout de suite, sur une exécution irréprochable, il a greffé la sève de sa personnalité. Rare mérite, alors que toutes les librairies, toutes les publications, toutes les loges de portiers étaient infestées de l'épouvantable avalanche de pacotille lithographique qui allait rapidement précipiter dans le discrédit le plus injuste l'art exquis d'où les Mouilleron, les Célestin Nanteuil et les Delacroix, pour ne rappeler que les plus illustres, ont fait éclore tant de pages admirables.

Les deux cents lithographies que Rops a fournies à son journal touchent à tous les genres. Le plus souvent, il est

---

« rale. Les auteurs de ces articles n'osent se nommer et calomnient tout ce « que la Belgique honnête et intelligente honore et respecte. Il est vivement à regretter que MM. Rops et De Groux aient attaché leurs noms à « cette publication de bas étage et que leur talent se soit fourvoyé au « point de descendre au niveau de la prose de cette feuille. »

« Nous avons répondu au *Télégraphe* la lettre suivante :

« Monsieur l'éditeur,

« Le feuilleton du *Télégraphe* du 2 de ce mois consacre au journal *Uylenspiegel*, et à toute sa rédaction, qui m'a fait l'honneur de me choisir pour son représentant, quelques lignes d'une malveillance trop peu méritée pour n'être pas l'expression d'une rancune personnelle.

« La loi donne à tout accusé le droit de se défendre; permettez-moi donc, Monsieur, d'user au nom de MM. Rops et de Groux, et de tous mes collaborateurs, de la faculté réservée par l'article 13 de la loi du 20 juillet 1831 sur la Presse.

« Votre chroniqueur, Monsieur, appelle *Uylenspiegel* un « journal satirique ». S'il avait pris la peine de jeter parfois les yeux sur notre « *publication de bas étage* », il aurait pu se convaincre qu'*Uylenspiegel* est avant tout un journal d'art et de critique musicale et littéraire, dans lequel la partie satirique n'est que l'accessoire.

« Parmi les quelques phrases aimables que votre feuilletoniste nous dédie avec la courtoisie la plus chevaleresque, nous avons remarqué celles-ci :

« Les *grandes vertus sociales* sont, de la part de ces messieurs, l'objet

vrai, ce n'est qu'un badinage satirique empruntant son intérêt au fait-divers de la semaine, ou à la discussion de la Chambre des représentants. Mais çà et là, d'un violent coup d'aile, le dessinateur s'élève au-dessus de ces banalités quotidiennes, et burine, sur une physionomie puissamment construite, un type définitif qu'il encadre dans des jeux de lumière délicats, des attitudes spirituelles, des regards troubleurs. Déjà s'éclairent ou s'assombrissent ces yeux lointains et vagues qui resteront la marque la plus saisissante de son œuvre, par l'intensité de pensée dont ils

d'un profond mépris, et il faut voir avec quelle *impudeur* sont traités des sentiments que nous avons l'habitude de *vénérer*. »... « La rédaction de l'*Uylenspiegel* n'est guère plus heureuse ni plus morale. Les auteurs de ses articles n'osent se nommer, et *calomnient* tout ce que la Belgique intelligente honore et respecte. »

« Comme de pareilles accusations, si elles étaient vraies, attireraient la déconsidération publique sur nous et sur notre journal, je vous somme, Monsieur, sous peine de mériter vous même le brevet de calomniateur que nous délivre votre chroniqueur avec une générosité toute fraternelle ; je vous somme de préciser quelles sont *les grandes vertus sociales* que nous avons *profondément méprisées* ; — quels sont les sentiments *vénérables*, que nous avons traités avec *impudeur* ; — et surtout, quelles sont les personnes honorables ou non que nous avons *calomniées*.

« Je mets votre chroniqueur au défi d'apporter une preuve à l'appui de ses déloyales accusations.

« Quant au vague reproche d'immoralité, il nous est trop aisé d'y répondre, et si votre chroniqueur veut avoir une mesure exacte de la morale que nous professons, qu'il daigne parcourir notre numéro du 1er février 1857. Il y trouvera un article intitulé : *les Casinos, étude de mœurs*, qui lui fera peut-être regretter d'avoir si légèrement parlé de notre *démoralisation*.

« Faut-il vous rappeler également que certains rédacteurs du *Télégraphe* même ne dédaignent pas d'insérer dans notre « *publication de bas étage* » des articles parfaitement signés, honneur qu'ils n'ont jamais fait au *Télégraphe !*

« Avant de finir, permettez-moi de signaler à vos lecteurs l'étrange logique de votre vertueux chroniqueur, qui trouve bon de garder l'incognito le plus impénétrable, tout en nous reprochant de ne point oser nous nommer. D'ailleurs, rien n'est moins exact que ce reproche, les pseudo-

saturent ses personnages; déjà il nous contraint de les sentir vibrer sous l'étreinte pénétrante d'une rêverie, où les au-delà mystérieux de l'éternité flottent en des visions miraculeuses et hypnotisantes.

Tels, aux deux pôles des conceptions cérébrales, le *Dernier des Romantiques* et *Sœur Rosalie*. Celui-là, roulé de graisse, gavé de jouissances, poursuivant à travers la fumée bleue d'un impeccable cigare le fil d'une pensée déjà égarée dans les vapeurs de l'alcool. Celle-ci, vouée à l'immobilité du cœur et des sens, marchant dédaigneuse, à

---

nymes de la plupart d'entre nous sont d'une transparence tellement diaphane, que personne dans le monde littéraire et artistique de Bruxelles n'ignore les noms qu'ils couvrent, et MM. Rops et Degroux, ainsi que moi, nous signons en toutes lettres, de notre propre nom.

« Vous vous étonnerez peut-être, Monsieur, de recevoir cette lettre par le ministère d'un huissier. Votre feuilleton du 2 mai n'était pas de nature à nous faire supposer que vous soyez animé envers nous de sentiments assez bienveillants pour publier notre réponse sur une simple prière.

« Veuillez agréer, monsieur l'éditeur, l'assurance de notre considération distinguée. »

VICTOR HALLAUX.
Secrétaire de la rédaction d'*Uylenspiegel*.

Nous ne voulons pas chercher à soulever le voile épais dont se couvre le chroniqueur du *Télégraphe*; peut-être, en cherchant bien, y découvririons-nous l'épiderme encore saignant de quelque littérateur meurtri par notre critique. Mais nous lui épargnerons cette confusion; il est peu digne de nous de mettre à nu le mobile de ces haines sourdes dont la bile s'épanche en injures anonymes. Nos critiques ne se sont adressées qu'à l'écrivain, au peintre ou au compositeur; nous n'avons jamais censuré l'homme; nous ne commencerons pas aujourd'hui. Seulement, nous saisissons avec empressement cette occasion de dire une chose qu'il est bon que tout le monde sache; c'est que la publication de notre journal n'est point une *affaire*; c'est que nous sommes journalistes, non *par métier*, mais par goût, par amour pour la littérature et les arts, ce qui nous permet d'exprimer notre opinion avec une liberté et une franchise interdites à ceux qui accueillent les réclames payées et les éloges à tant la ligne.

Le *Télégraphe* pourrait-il en dire autant?

VICTOR HALLAUX.

travers la vie, vers les récompenses divines que, bien loin devant elle, cherche, espère, découvre et contemple ravie sa foi.

Le public bourgeois auquel cela s'adressait n'eût pas goûté de tels morceaux. Il lui fallait en général des idées plus simples et des personnages moins synthétiques, en rapport avec le génie familier dont on avait pris le nom pour enseigne. *Uylenspiegel*, le héros de la légende populaire, est un produit de la grosse gaîté flamande, farceur de haulte graisse plutôt qu'abstracteur de quintessence.

Nous lui pardonnons donc volontiers quelques vulgarités dans son style, rachetées toujours par le pittoresque du croquis.

Certaines silhouettes de vieux Belges sont aussi énergiques que les meilleures de Gavarni ou de Daumier, avec une physionomie très personnelle assaisonnée d'une piquante saveur de terroir.

Enfin une fantaisie échevelée a présidé à la composition des trois grandes feuilles au trait intitulées : *Juin*, *Printemps*, *Garde civique*. Rien de plus bouffon, de plus ingénieux, de plus follement drôle n'a jamais été conçu par un cerveau de caricaturiste en délire. L'enchevêtrement des sujets, la multitude des personnages, leur mouvement tumultueux, la variété des expressions, la simplicité de l'exécution en font un des éléments les plus curieux de ce recueil. C'est, à l'état embryonnaire, l'indication des qualités brillantes et séductrices qui produiront, vingt-six ans plus tard, la délicieuse suite des frontispices de Gay et Doucé minutieusement décrits dans notre *Catalogue de l'œuvre gravé*.

Tel est en résumé l'aspect général de l'*Uylenspiegel*.

Tout compte fait, c'était une œuvre d'art. Aussi mourut-il jeune.

Jeune, hélas! et dédaigné à ce point que nul ne conserva ces feuilles légères où s'étaient dépensés tant de louables efforts et de généreux espoirs. Aujourd'hui la collection complète est devenue introuvable. A peine connaissons-nous trois ou quatre exemplaires de condition médiocre, sauvés par le zèle pieux d'un ami intelligent ou d'un collaborateur convaincu. C'est donc morceau par morceau que les amateurs devront en colliger les débris.

Comme les journaux heureux, l'*Uylenspiegel* n'a pas d'histoire. Le petit cénacle qui composait sa rédaction, à défaut de capitaux considérables, jouissait d'une extrême jeunesse, car la plupart des collaborateurs se portent encore à merveille. Hallaux, qui les dirigeait sous le nom calembourgeois de Hovin, est encore aujourd'hui le sympathique rédacteur en chef de la *Chronique* de Bruxelles; Léon Jouret se livre toujours avec succès à la critique musicale; Émile Leclerc, ci-devant E. Pittore, écrit des romans; Rops fait mordre ses cuivres avec une vigueur plus juvénile que jamais. En route est resté Coveliers, qui, sous le nom de Bénédict, traitait surtout les questions musicales; et malheureusement aussi, Charles de Coster, un des rares écrivains de l'« ancienne Belgique ». Du moins, ce dernier nous a-t-il laissé deux livres admirables : les *Légendes flamandes* et les *Aventures de Tiel Claës Uylenspiegel*.

Le petit journal réussit presque, un moment, à faire ses frais. Mais on s'avisa d'en augmenter le format et il ne put supporter cet accroissement de dépense que la publicité ne compensa point. Enfin la retraite de Rops, au mois d'août 1857, lui porta le dernier coup. La décadence rapide qui s'ensuivit témoigne bien du rôle prépondérant du dessinateur dans son existence. Vainement on réduisit le format. Vainement on cherchait à rassurer l'abonné par des notes du genre de celle-ci : parue le 13 décembre 1857 :

« Sans nous engager précisément, nous avions promis « à nos abonnés de faire en sorte de continuer à publier « quelques dessins de *Félicien Rops.*

« Nous sommes en mesure aujourd'hui de promettre « formellement, pour l'année qui va s'ouvrir, un dessin « par mois, tiré avec soin et imprimé sur beau papier. »

Ou telles encore que celle-là, parue le 3 janvier 1858 :

« Notre numéro de ce jour contient deux pages d'an- « nonces. Nous avions espéré remplacer cette page par une « lithographie. Nous ne l'avons pu cette fois. Notre pre- « mière planche lithographiée ne paraîtra donc que « dimanche prochain. Le sujet en sera désormais la *Revue* « du mois écoulé, douze à seize dessins de *Félicien Rops.* »

Cette intermittence excessive dégénéra, au commencement de 1859, en abstention complète ; le public se découragea, la caisse se vida, et à la fin de 1861 il fallut cesser de paraître.

On avait mangé quelque argent, mais on s'était bien amusé. Quelques-uns n'ont pas encore oublié une grande fête donnée par la rédaction dans la superbe salle de la corporation des bouchers sur la Grande Place. Le comte de Flandres avait promis de l'honorer de sa présence, ce qui suggéra à quelques amis de la maison l'idée d'une vaste mystification. Au moment où la réception battait son plein, une porte s'ouvre bruyamment tout à coup et on annonce : « Sa Majesté le roi Léopold ! » Et en effet un personnage ressemblant à s'y méprendre au monarque régnant s'avance au milieu du public formant respectueusement la haie et distribue aux uns et aux autres des témoignages de bienveillance et d'affabilité. Mais, ô stupeur! quand il approche des dames, sa douceur devient caressante, et sa haute indulgence, polissonne! Il fallut bien reconnaître alors que le prétendu souverain n'était autre que Woordecker, un peintre fameux pour la souplesse et la précision avec lesquelles il imitait l'allure du roi. Pendant plusieurs jours tout Bruxelles s'égaya de cette farce qui avait un instant ému bien des cœurs féminins. Le buffet avait été somptueux. La note s'éleva à 1200 francs! Ce fut le chant du cygne!

Il paraît certain que, vers la même époque, Rops publia plusieurs lithographies dans le *Charivari belge*. Mais, chose incroyable! il nous a été impossible de mettre la main sur une collection complète de ce journal, de telle sorte que nous n'avons pas vérifié *de visu* notre opinion sur ce point. Décidément, c'est une sage législation qui a prescrit le dépôt de deux exemplaires de tout ouvrage publié dans une bibliothèque nationale. C'est le salut des bibliographes et iconographes de l'avenir! Quoi qu'il en soit, plusieurs pièces non irréfutablement classées, sont fort belles et certainement postérieures à 1857, époque jusqu'à laquelle on surprend çà et là quelques maladresses ou hésitations dans le crayon de l'artiste.

Mais où Rops atteint l'apogée de son talent, c'est dans

les grandes pièces célèbres intitulées : *la Médaille de Waterloo*, *l'Ordre règne à Varsovie*, *Chez les trappistes* et surtout l'*Enterrement au pays Wallon*.

Les deux premières sont des satires politiques. En 1858, les réfugiés français victimes du 2 Décembre menaient grand bruit contre l'Empire; les Madier de Montjau, les Deschanel, les Bancel, remplissaient Bruxelles de leur éloquence, et la jeunesse des écoles, toujours favorable aux exilés, soutenait leurs conférences de ses applaudissements.

Naturellement, Rops était un des plus ardents antibonapartistes de sa ville et il se montrait particulièrement horripilé de l'ostentation de certains de ses compatriotes à porter la médaille de Sainte-Hélène, qui, pour lui, représentait la glorification d'un tyran naguère vainqueur et conquérant des Flandres. De là sa parodie de cette médaille, destinée, non comme quelques-uns l'ont cru, à humilier la France, mais à rabattre la vanité irréfléchie de quelques Belges et à combattre les tentatives d'annexion que l'Empire ne dissimulait plus. Cet objet éclate très clairement dans l'inscription suivante inscrite au verso : « Dédiée à ceux qui portent sans pudeur une médaille qui leur rappelle la servitude de la patrie. »

L'oppression de la Pologne devait nécessairement soulever son indignation généreuse. Un cadavre superbement jeté à terre va personnifier la petite nation martyre, et l'aigle bicéphale, planant sur elle d'un vol sinistre, le vainqueur. Impossible que le raccourci du corps demi-nu n'évoque point le souvenir de la célèbre *Rue Transnonain* de Daumier, mais nous croyons que tout juge impartial accordera la supériorité au dessin et à la conception de Rops.

Quant aux *Trappistes*, il règne chez eux un mélange de brutalité sournoise et de concupiscence goguenarde qui fait froid dans le dos. La figure naïve du novice bêta cherchant dans le livre l'explication des catastrophes de Sodome et de Gomorrhe est une véritable trouvaille. Et au premier aspect des terribles instituteurs qui l'entourent, on ne peut douter qu'ils ne soient décidés à pousser... leur enseignement aussi loin que possible. Ces Trappistes seraient certainement dignes d'être des Carmes.

A propos de cette lithographie, parue à Bruxelles, et qui était une allusion à des faits scandaleux découverts dans un couvent de trappistes, l'auteur avait été vivement félicité par plusieurs gros bonnets du parti libéral, et, entre autres, par le député Louis Defré, qui lui avait écrit à peu près ces mots : « Continuez, Monsieur, et les vieux dieux tomberont sous le rire bienheureux de la foule. » Félicien Rops, plus artiste que néophyte libéral, heureusement pour lui, répondit ce bout de lettre dont nous devons la communication à un aimable collectionneur :

Je ne mérite pas vos éloges, Monsieur, et je vous avoue que libéraux et catholiques me laissent, en tant que parti, parfaitement indifférent. Réunir quelques faces conventuelles et monastiques autour d'un livre blanc, me semblait, picturalement parlant, intéressant à faire, et j'en ai saisi l'occasion. Puis, il est toujours amusant de se moquer de l'hypocrisie de certaines gens qui font montre de vertus absentes, qu'ils soient catholiques ou libéraux.

Je crois, puisque nous frôlons ce chapitre, qu'il n'y a de libéraux que les socialistes, et, si j'étais libéral, je le serais jusqu'à la guillotine ; de même que, si j'étais catholique, je le serais jusqu'à l'inquisition inclusivement, laquelle est logique, le dogme accepté. « Je renierai les tièdes », dit la parole de Dieu, que personne n'écoute d'ailleurs, ni libéraux ni catholiques. En Belgique, ces deux partis me semblent profondément méprisables, n'osant ni l'un ni l'autre aller jusqu'au bout, lâches, timorés, détestant les pauvres, peureux des foules, dont le grondement, quoique encore éloigné, trouble leurs copieuses digestions et, n'aspirant qu'à des règnes de juste milieu, ceux qui protègent les puissances vulgaires et éloignent des nouvelles, des fières, des inquiétantes pensées.

Ce que je hais le plus au monde, je crois, c'est le bourgeois doctrinaire qui me paraît être pour l'instant tout-puissant en Belgique ; le monsieur pour lequel il faut « une religion bonne pour le peuple », le mangeur de prêtre dont notre grand Flaubert a tracé un schéma si net dans M. Homais. Méprisant l'art, les artistes, les écrivains ennemis de ses appétences, lesquelles tiendraient d'ailleurs entre le groin et la queue du premier porc venu, et moins réjouissant à voir que ce dernier dont le ventre rosé a sollicité quelquefois la palette des maîtres.

Tenez, le père X..., les jours de discours d'ouverture à l'Université, creux, redondant, bouffi, avec son profil ignoblement prudhommien, le ventre débordant, insolent, satisfait, la bouche empâtée de lieux communs, m'a toujours semblé condenser, en ses péritoines, toute la sottise et l'ignominie de la bourgeoisie de son temps, celle dont l'âme gît en dessous de la ceinture, devant et derrière... Cette bourgeoisie a des mots tout faits pour excuser ses vices. Elle appelle sa lâcheté : modération ; sa couardise : prudence ; son prosaïsme : bon sens, et sa bêtise : gravité !...

Même après ces belles pièces, l'*Enterrement au pays Wallon* mérite une mention spéciale. La gravité du sujet, la variété des physionomies, la vérité des expressions et des attitudes, tout, jusqu'au caractère désolé du paysage, en fait un morceau complet, irréprochable. Le tuteur et son pupille endimanchés, guindés dans leurs vêtements de fête devenus pour la circonstance des vêtements de deuil, tout de suite saisissent l'œil. Si ingénieuse d'à-propos est leur posture que, vus de dos, ils laissent deviner leur visage morne mais embarrassé devant un appareil et une pompe qui imposent au corps rustique un effort de représentation. Dans les têtes des officiants, par la finesse et la sûreté des contours autant que par la simplicité large des méplats, Rops touche à Holbein. Paysans robustes et lourds, cervaux épais et tenaces, astucieux sans intelligence, durs au travail et durs au monde, ardents au gain, bouffis de morgue pour sentir sur leurs épaules l'éclat criard des chapes de soie brodées, ennuyés aussi du temps volé à la terre dont la fécondité appelle leurs bras pour devenir fructueuse; tout le cœur, toute l'âme, toute la vie physique et morale de l'homme des champs.

Voici encore, touchant cette composition, un passage intéressant d'une lettre de Rops à Charles de Coster :

Quelques mots en courant, mon cher Karl, pour me soulager de tous mes ennuis, et pour que tu me répondes une de ces bonnes lettres toniques, comme tu sais en écrire, toi qui est un si vaillant *méprisant*.

J'enrage, et je m'en fiche en même temps : tous ces journaux catholiques m'accusent d'avoir fait « une page anti-chrétienne » en dessinant *Un enterrement au pays Wallon*. Du diable si j'y ai pensé ! Il est toujours vexant de ne pas sentir sa pensée comprise, et de ne pouvoir dessiner la face apoplectique d'un bon curé de province et quelques bonnes têtes de *suiveurs* d'enterrement, sans s'entendre accuser d'« attaquer la religion », ou de saper les bases de la société et de la constitution que l'Europe nous envie. J'en ai assez de ces bégueuleries et, un de ces jours, je leur en montrerai d'autres [1]. Voici la genèse de cette lithographie terrifiante sur laquelle on appelle les foudres de Dieu le père.

J'étais à Namur, ne sachant que faire. L'idée d'aller aux *Fonds d'Arquet* m'est venue. Tu ne connais pas les *Fonds d'Arquet?* Une merveille ! Un éboulis de roches grises et jaunes, des orchidées « tout plein », et personne! Les gens graves ne s'aventurent pas en pareil lieu ! Ils vont « au Casino » boire de la bière de Louvain ; les riches prennent une « bavaroise »! Toutes les voluptés ! — Et les *Fonds*

1. Promesse tenue depuis largement !

E. R.

d'Arquet se trouvent là, tout près, à quatre pas de cette belle *Porte de fer*, que des crétins veulent, dit-on, démolir, pour faire un boulevard[1] naturellement!

En chemin je rencontre un enterrement. J'ai toujours eu un faible pour les enterrements. On porte à bras, à Namur, et les porteurs ont des capes noires à collet jaune, léguées par l'Espagne, qui font de belles notes sur les gris des routes. C'était un enterrement triste, celui-là; c'est rare. Derrière le cercueil recouvert d'un drap riche, avec des têtes de mort, en vrai or, suivait un petit garçon blond, de ce blond fade né des cours de récréation sans air et des verbes copiés dix fois en punition d'un sourire. C'était lui, le pauvret, qui menait le deuil, avec son petit nez rouge et de grosses larmes à travers les cils. A ses côtés, digne et protectant, ambulait un monsieur, le « mon oncle » ou le tuteur légal. En grand deuil aussi, le monsieur, ayant engraissé depuis lors, et ne mettant son habit que le jour du *Te Deum* de la fête des Rois, et pour aller à la redoute de M. le Gouverneur. Un gros curé goutteux, avec les bas tombant sur les boucles de ses souliers, deux prêtres psalmodiant, lugubrement grotesques, encore enluminés par la digestion dérangée un bedeau avec de l'ouate dans les oreilles, deux membres mâle et femelle de quelque congrégation, un enfant de chœur et un chien; c'est tout. Au cimetière, en plus, le vieux fossoyeur, « buveur de goutte ». Tout cela bredouillant ne manquait pas de lugubre et de drôlerie sinistre, sous un ciel d'automne gris, et cependant avec des échappées de lumière plus lumineuses que les blancs bleus des surplis. L'enfant de chœur, pendant les derniers *oremus*, aspergeait le chien, et les porteurs buvaient le *pequet* de circonstance. Cela m'a plu. Je l'ai dessiné sur une grande pierre lithographique, et voilà.

. . . .

Si on avait enterré M. le bourgmestre avec nos claque et son habit brodé par le même ciel, et avec les mêmes gueules en surplis, il est probable que j'eusse tracé cet ensemble avec le même plaisir.

L'*Enterrement au pays Wallon* est un chef-d'œuvre.

Nous souhaitons sincèrement à nos lecteurs, malgré son extrême rareté, d'en rencontrer et d'en conquérir une

1. Depuis les susdits ont obtenu gain de cause.

E. R.

épreuve. C'est le complément nécessaire de toute belle collection de Rops.

Enfin nous ne voulons pas terminer cette courte présentation sans une remarque qui s'impose. On a si souvent accusé Rops d'être un fabricant d'obscénités, qu'il est juste de constater que, dans cette seule branche de son art, il a pu produire plus de 250 lithographies sans qu'on en découvre une seule même simplement licencieuse.

Puisse ce petit livre aider à le faire plus complètement connaître et mieux juger.

E. R.

L'ŒUVRE LITHOGRAPHIÉ

DE

FÉLICIEN ROPS

LITHOGRAPHIES

PUBLIÉES DANS « L'UYLENSPIEGEL »

---

1. — FRONTISPICE DE L'UYLENSPIEGEL[1]

Pl. L. 0,225. — H. 0,295.

Un porteur de journal en culotte courte, debout, de trois quarts à droite, tient dans ses mains un numéro du journal. Sur sa casquette, et sur un grand écriteau oblong placé au-dessus de sa tête, on lit : Uylenspiegel. A droite, une affiche en vers passablement mirlitonesques signés : *Jean*.

Signé à gauche en bas : *F. R.*

---

1. Cette pièce et celles dont la description suit ont été publiées dans le journal l'*Uylenspiegel*. On les trouve donc généralement sur papier mince, avec du texte imprimé au verso. Cependant il a été tiré de chaque lithographie quelques épreuves sur chine collé, dont Rops faisait cadeau à des amis. Elles mesurent environ 0,20 × 0,28.

2. — LA RÉCEPTION D'UN NOUVEAU-NÉ[1]

Cinq médaillons sur une même feuille, entrelacés dans des rameaux de feuillage.

I. — *La Fantaisie.* — Sous les traits d'une femme décolletée. Elle est assise presque de face, et tient sur ses genoux un petit *Uylenspiegel* au maillot jouant avec une marotte en guise de hochet. De la main gauche elle élève une oriflamme portant son nom : *Fantaisie.* Son coude est appuyé sur une pierre tombale où se lit cette inscription : *Cy gyt Uylenspiegel.* Au-dessous, une grande banderole avec le titre général : *La Réception d'un nouveau-né.*

II. — *Au bureau de l'Uylenspiegel.* — Trois personnages, dans des attitudes diverses, se pâment d'aise en parcourant le nouveau journal.

Légende : Charmant !.. Divin !.. On ne fera pas mieux.

III. — *Chez les confrères de la Presse.* — Trois personnages bâillent en lisant le même journal.

Légende : Pouah ! Mauvais ! Détestable ! Cela ne peut pas tenir...

IV. — *Au théâtre.* — Deux figurants en costume de guerriers, dont l'un tient le journal, causant avec animation.

Légende : Ce journal-là, voi (*sic*) tu mon vieux, c'est pas gand' (*sic*) chose : voilà huit fois que je joue le Chef des gardes, et il n'en dit pas un mot.

V. — *Chez le bourgeois.* — Une jeune fille assise au coin

1. Cette planche et la suivante ont été publiées dans le nº 1 de l'*Uylenspiegel,* paru le 3 février 1856.

LE DERNIER DES ROMANTIQUES

FLEURS
DE L'AME

du feu, de profil à gauche, lit un journal. Debout au premier plan, un vieux rébarbatif, en caleçon, l'interpelle.

Légende : Ma fille, je vous défends de toucher à ce journal-là, il y a des artistes qui y travaillent!

Au centre de la planche on lit les vers suivants :

Bonjour, bonjour, ami lecteur!
Je suis Tiel le joyeux farceur,
Qui te souhaite de tout cœur
Bonne année et très longue vie!

Je m'ennuyais au sombre bord :
Aussi, sans trompette ni cor,
Un jour j'ai planté là la mort,
Et je renais l'âme ravie!

Fais-moi bon accueil. Je reviens,
Avec mon leste et gai bagage
Remis à neuf pour ton usage,
Revivre et rire auprès des miens.

Tout en bas, sur une petite banderole se détache le mot : Avenir.

3. — CARMAN[1]

Caricature.

Il est représenté, en costume de Guillaume Tell, de trois quarts à gauche, tenant son arbalète sur l'épaule droite et la main gauche sur la hanche.

L'artiste porte les cheveux longs, la moustache retroussée et toute la barbe très frisée.

1. Ancien baryton au théâtre de la Monnaie.

Les plumes de la toque et l'arbalète sont coupées par le trait carré.

Légende : Du canton d'Unterwald, ô généreux enfant !
Ton port majestueux n'a rien qui nous étonne :
Tu résumes dans ta personne
Charles, Mossoul, Asthon, Ashvérus et *Carman*.

4. — MARDI-GRAS[1]

Un personnage en costume de Figaro, sa guitare renversée sous le bras droit, s'avance en titubant; dans le fond, des masques l'eng... agent à se mieux tenir.

En haut, comme fronton, une banderole portant les mots : *Mardi-gras*, sur laquelle un fou se tient à califourchon en agitant une crécelle.

Légende : Place au factotum de la ville, place !... La belle vie, en vérité ! pour un barbier de qualité !!!

5. — MERCREDI DES CENDRES

Enfoui dans sa robe de chambre, abattu sur son grand fauteuil, les cheveux malades et l'œil atone, il cherche à rassembler dans sa mémoire rebelle les souvenirs de la veille. Une jeune servante, debout, le regarde avec un sourire narquois en lui offrant une tasse de tisane.

Au-dessus, une banderole portant les mots : *Mercredi des Cendres* et surmontée d'un personnage fantastique aux ailes de chauve-souris, coiffé d'un bonnet de coton, qui laisse tomber un masque.

Signé à droite, en bas : *Rops*.

1. Publiée avec la suivante, dans le nº 2 du 10 février 1856.

Dans une cartouche ovale en bas, la légende suivante :

LE CHICARD DU LENDEMAIN.

Du plus beau des polkeurs voilà tout ce qu'il reste!
Quel triste lendemain laisse la folle orgie!

6. — LES FAILLITES DE CUPIDON[1]

V'là encore l'invasion des Lombards...

La scène se passe devant le Mont-de-Piété.

Un pauvre diable, au chapeau bossué, en jaquette dépenaillée, tient sur son bras gauche un paquet de hardes. Au fond, une foule de gens se pressent à la porte du *Bureau*.

LÉGENDE : *Après le carnaval.* Moralité. — V'là encore l'invasion des Lombards qui recommence !!

7. — LES FAILLITES DE CUPIDON

Eh bien! on ne reconnaît pas...

La scène se passe dans un cabaret borgne.

Un ci-devant jeune homme, assis auprès d'une table, se retourne avec stupeur vers une grosse commère qui, son panier sous le bras gauche et la main droite dans la poche de son tablier, l'interpelle en lui rappelant de passagères amours. Dans le fond, des silhouettes d'hommes regardant la scène.

Signé en bas, à droite : *Rops.*

LÉGENDE : *Après le carnaval.* Moralité. — Eh bien ! on ne reconnaît pas son petit domino rose de dimanche?

1. Parue avec la suivante dans le n° 4 du 24 février 1856.

8. — ÉDOUARD[1]

Galerie d'Uylenspiegel.

En costume d'hidalgo, avec une tête de Riquet-à-la-Houppe ornée de moustaches et d'une mouche trop aiguisées, il fléchit sur la pointe des pieds en jetant les deux mains en avant dans une attitude grotesque. Au fond, un poteau indicateur portant les mots : *Route de Madrid à Séville.*

Légende : Du grand Seringuinos la pénible aventure
Ferait, hélas ! mouiller de pleurs plus d'un foulard,
Si, dans cette dolente et piteuse figure,
On ne reconnaissait ce farceur d'Édouard.

9. — FAUBOURG DE COLOGNE[2]

Plénipotentiaire muni d'intentions belliqueuses.

Une jeune femme, étendue sur un canapé garni d'un coussin, regarde dédaigneusement un affreux huissier qui lui présente, chapeau bas, un protêt.

Signé à gauche, en bas : *Rops.*

Légende : *Conférences.* — Plénipotentiaire muni d'instructions belliqueuses.

1. Parue dans le nº 5 du 2 mars 1866.
Artiste dramatique du théâtre des Galeries Saint-Hubert, sous la direction Delville.
2. Parue avec la suivante, dans le nº 6 du 9 mars 1856.

10. — FAUBOURG DE COLOGNE

Plénipotentiaire chargée de propositions pacifiques.

Une jeune femme en costume de grisette, assise sur un canapé, de face, tient, de la main gauche, une lettre, et de la droite, un écrin qu'elle contemple avec admiration. Derrière, une vieille, debout, la regarde.

Signé à gauche, en blanc, du monogramme : *R.*

Légende : *Conférences.* — Plénipotentiaire chargée de propositions pacifiques.

11. — DEPOITIER[1]

Galerie d'Uylenspiegel.

Caricature.

De face, abondamment chevelu et barbu, revêtu d'un riche costume moyen âge, il chante un grand air à pleine voix.

Légende : En vers harmonieux les rimeurs d'un autre âge
Ont galamment chanté Diane de Poitiers :
Qui n'en ferait autant devant la douce image
De M. Pierre Depoitier?

12. — PAQUES[2]

Grande composition humoristique occupant toute la page et divisée en quatre scènes encadrées dans une vigne serpentine.

1. Parue dans le nº 7 du 16 mars 1856.
Basse-taille au théâtre de la Monnaie. Faisait partie du fameux trio Wicart, Carman, Depoitier.
2. Parue dans le nº 8 du 23 mars 1856.

En fronton, deux cloches, surmontées de deux petits enfants, battent à toute volée au-dessus d'une banderole portant au centre : *Pâques;* à gauche : *Vacances*, *Mars*, et à droite : *Cloches de Rome*.

Médaillons :

I. — *Au centre*. — Un brave homme et sa femme disposent soigneusement dans leur jardin des œufs de Pâques pour faire une surprise à leur enfant. Hissé sur un mur, dans le fond, le gamin regarde l'opération et leur fait un pied de nez.

Légende : Les œufs de Pâques. — Touchante superstition des enfants.

II. — Une bonne femme est assise au chevet de son enfant malade.

Légende : Les œufs de Pâques. — Conclusion.

III. — Un agent de police saisit au collet un pochard très — incliné.

Légende : A trop célébré cette grande fête.

IV. — Un personnage grotesque debout, la tête renversée, bénit cinq autres personnes réunies autour d'une même table.

Légende : La Pâque, par M. Wicart.

13. — VICTOR PRILLEUX[1]

Caricature.

De face, imberbe, toupet, cheveux noirs, air placide,

1. Trial au théâtre de la Monnaie et auteur dramatique.

cravate blanche, habit à gros boutons, culotte à pont, gilet historié, bas, souliers à boucle, les mains dans les poches. Le corps semble être de Rops, et la tête d'un autre.

14. — LES FRAMBOISY [1]

Monsieur, je crois que vous venez de prendre la taille...

Dans le couloir d'un théâtre, une altercation a éclaté entre deux messieurs. Madame s'éloigne, les yeux pudiquement baissés.

Signé à droite d'un très petit monogramme : *R.* en blanc.

LÉGENDE : Monsieur! je crois que vous venez de prendre la taille de ma femme.
— Monsieur, je n'ai rien pris... fouillez-moi!!!

15. — BARIELLE

Galerie d'Uylenspiegel.

Caricature.

Revêtu d'un costume hongrois, la moustache en croc, le sourcil froncé, une main sur la hanche, il s'appuie de l'autre sur une table chargée de deux flacons et d'un verre.

LÉGENDE : A d'autres de chanter l'amour et ses attraits,
La paix féconde ou l'ardente bataille,
Le ciel au front d'azur ou les vertes forêts...
Barielle, lui, chante les basse-taille.

1. Parue avec la suivante dans le nº 9, du 30 mars 1856.

16. — LES VIEILLES MONNAIES[1]

Études numismatiques.

Sur une même page, neuf petites caricatures.
En haut, sur une banderole, le titre général.

I. — Deux bourgeois debout, de profil à gauche, sont précédés par leur *gosse* soutenant un énorme parapluie.

LÉGENDE : Quel bon vieux temps !... On venait à midi faire sa petite queue...

II. — Une vieille ouvreuse s'avance au bord d'une loge de théâtre pour moucher une chandelle fumeuse.

LÉGENDE : On avait déjà des girandoles !!!

III. — Un spectateur est assis de profil à gauche, sur un petit banc dont les dimensions exiguës le placent dans la position la plus gênante.

LÉGENDE : On était si bien au parterre !...

IV. — Une grosse femme vénérable, debout de face, s'avance en minaudant.

LÉGENDE : Les premières danseuses n'étaient pas légères...

V. — Un monsieur au visage glabre, debout, de face, en redingote trop longue et pantalons trop courts, les deux mains dans ses poches, se détache sur une affiche de théâtre où on lit : *Monnaie. Une Folie, etc.*

LÉGENDE : Mais les ténors avaient plus de chic...

1. Parue avec la suivante dans le nº 10, du 6 avril 1856.

VI. — Deux jeunes gandins causent debout, la canne à la main.

Légende : Vois-tu, mon cher, on bâtit trop vite la nouvelle salle : cela ne sera jamais sec.
— Imbécile, puisque c'est *Séchan* qui va la faire.

VII. — Un monsieur en habit, portant sur son épaule, au bout d'un bâton, son chapeau et un petit paquet, s'éloigne précipitamment vers la droite.

Au fond, un poteau-frontière portant de ce côté le mot : *France*.

Légende : Du reste, les directeurs y faisaient des affaires d'or...

VIII. — Un voyou debout, vu de dos, s'est arrêté pour lire sur un mur l'affiche suivante : *Poelaert, doreur sur bois et sur métaux, fait tout ce qui concerne son état et (va en) ville*.

Légende : Et M. Poelaert ne s'était pas encore mis dans le commerce...

IX. — Au milieu. — Une belle grosse fille souriant, en costume de reine de théâtre, est assise de face, les deux mains sur ses cuisses ; elle porte comme coiffure une réduction de l'ancien théâtre de la *Monnaie*. Le fond sur lequel elle se détache est formé par un cercle de bustes dont les socles indiquent les noms de *Molière*, *Racine*, *Voltaire*, *Méhul*, *Grétry*.

Légende : La vieille salle était une bonne grosse fille un peu simple.

17. — LA NOUVELLE MONNAIE

Études numismatiques.

Même disposition générale que la planche précédente.

I. — En haut, au milieu, Uylenspiegel présente au public le plan de la nouvelle salle, avec diverses notes, qui le couvrent entièrement. On n'aperçoit que le sommet de sa tête, sur laquelle ses cheveux se hérissent de terreur en présence de la terrible liste d'escaliers qui encadre le plan. On n'en compte pas moins de 32 !

Légende : Plan de la nouvelle salle. Les dégagements sont si faciles ! — (Pour les imbéciles.)

Au-dessous, les sujets suivants :

II. — Le buste d'une femme à la physionomie austère émerge de trois chapeaux tuyau de poêle superposés. Elle tient d'une main un éventail et, de l'autre, une longue pipe.

Légende : Pour exprimer que la comédie doit être décente, M. Wauters lui a assigné un costume sévère...

III. — Une femme vêtue du peplum antique s'éloigne tragiquement vers la droite. D'une main, elle porte sur son épaule une pelle et des pincettes; de l'autre, elle tient un couteau; derrière elle, un poulet égorgé, les pattes en l'air; à ses pieds, une coupe renversée.

Légende : *La Tragédie*. Scène de la vie intime de Mme Ristori. L'artiste a saisi le moment où Mme Ristori, animée par la lecture de la Cuisinière bourgeoise, vient de sacrifier un poulet à l'appétit de M. Ristori.

IV. — Un bourgeois, de profil à gauche, fortement fléchi

sur ses jambes, écoute avec stupeur les propositions d'un gamin.

LÉGENDE : Vous ne m'achetez pas un peloton de fil pour vous retrouver dans les corridors, M'sieu?

V. — Un gros monsieur, vu de face et vu de dos, traverse péniblement un étroit couloir.

LÉGENDE : Contentement de Borsary. Les dégagements sont si faciles!!!

VI. — Un personnage en redingote et tête nue, portant un seau d'*or fin* et un pinceau, en poursuit un autre qui s'enfuit vers la gauche.

LÉGENDE : M. Poeleart veut dorer jusqu'à M. Vizentini...

VII. — Derrière une table couverte d'un grand tapis siègent gravement deux personnages costumés en seigneurs du moyen âge.

LÉGENDE : Costumes exigés par M. Poelaert pour les contrôleurs.

VIII. — Sur un cheval lancé au grand galop vers la droite, et dont le garrot supporte une partition musicale, un intrépide chef d'orchestre, nu-tête, bat imperturbablement la mesure. Le coursier franchit un obstacle composé des œuvres de *Rossini*, *Auber*, *Meyerbeer*, amoncelées.

LÉGENDE : Monsieur Haussens trouve un moyen plus expéditif pour diriger l'orchestre.

Enfin, au milieu :

IX. — La pauvre Ville de Bruxelles, assise comme sur la planche précédente, mais surchargée d'oripeaux, d'ornements, d'astragales et d'Amours musiciens, est horriblement écrasée par le modèle de la nouvelle Monnaie, qui lui sert de coiffure.

Légende : La nouvelle salle... Style Louis XIV.

18. — TRINITÉ PHOTOGRAPHIQUE

Galerie d'Uylenspiegel[1].

Trois gandins, vêtus de vestons, de pantalons collants et de chapeaux hauts de forme, marchent à pas inégaux, vers la droite, en se donnant le bras.

Dans le fond, une maison sur laquelle on lit : *A la coupe d'or.*

Légende : *Trinité photographique.*

> Le Monsieur du milieu, que l'on voit si gai mar-
> Cher vers la coupe d'or, a l'air peu sévère, hein ?
> C'est le portrait frappant de l'illustre Ghémar,
> Entre ses deux amis de Wasme et Séverin.

19. — LES FRAMBOISY[2]

Comment! ma chère amie, vous mettez des dentelles?...

La scène se passe dans le boudoir d'une artiste.

La jeune femme, en corsage décolleté, assise de profil à gauche, tient dans ses mains un entre-deux de dentelle, et redresse fièrement la tête en regardant très en face son protecteur, un monsieur sérieux, au visage glabre, qui, assis derrière elle, sur le même canapé, contemple avec un étonnement soucieux les riches fanfreluches.

1. Parue dans le n° 11, du 13 avril 1856.
2. Parue avec la suivante dans le n° du 20 avril 1856.

Au premier plan, un guéridon supportant un coffret à bijoux.

Dans le fond, des potiches et le bas d'un tableau sont légèrement indiqués.

Signé, à droite en bas, d'un petit *R* en blanc.

Légende : Comment! ma chère amie, vous mettez des dentelles de ce prix-là à vos jupons?...

— Que voulez-vous, mon ami? Au théâtre je suis exposée à rencontrer tant d'insolents...

20. — DERRIÈRE LE RIDEAU

Dans les coulisses, derrière un portant, une jeune étoile décolletée est assise nonchalamment, de profil à droite, dans un fauteuil au dossier élevé. Devant elle, debout, le régisseur, en habit noir et pantalon rayé, lui adresse la parole avec une expression un peu mélancolique.

Dans le fond, deux têtes de comédiens causant, à gauche.

Légende : Mais, Madame, tâchez donc de vous mettre dans l'esprit de votre rôle — vous représentez une juive (*sic*. Lisez : jeune) marquise surprise par son mari en tête à tête avec son amant.

— Tiens! cela lui est arrivé hier à mon mari.

— Eh bien! qu'avez-vous dit?

— Je lui ai dit : Va-t'en...

21. — LES BOURGEOIS [1]

Tenez, monsieur, tout à l'heure, j'étais de votre avis.

Ils sont trois autour d'une table de cabaret, devisant devant leurs verres : celui de gauche, assis, la main droite

1. Parue avec la suivante dans le n° du 27 avril 1856.

sur la cuisse, a la parole ; au milieu, de face, un autre, assis, écoute ; le troisième, debout et attentif, s'appuie de la main gauche sur la table. Au fond, à droite, trois légères silhouettes d'hommes.

LÉGENDE : Tenez, Messieurs, tout à l'heure j'étais de votre avis : je voulais la paix... mais depuis que j'ai bu cette bière de mars, je demande à continuer la guerre !!!

22. — UNE MAUVAISE CHARGE

Un groupe de six personnages, dont on ne voit que les chapeaux, se presse pour dévorer les lignes d'un journal qui le masque. Sur la feuille, on lit, à droite : *Uylenspiegel*, et à gauche : *Les souscripteurs dont l'abonnement expire le 1er mai continueront à recevoir le journal s'ils n'ont pas renoncé à leur abonnement*. Dans le fond, au milieu, se détachent, en gros caractères, les mots : *Uylenspiegel. Bureau du journal*. A droite, sur une colonne, la liste des charges qui paraîtront prochainement dans la galerie d'Uylenspiegel. — *Musiciens : MM. Fétis, Jourel, Lassen, Haussens, Cornelis, Gevaert, Riga, Fastre, etc. — Peintres : Dillens, Bovie, J. Stevens, A. Stevens, Sclingeneyer, L. Huard, Wilbrand, Thomas, Brilloin, Francia, etc. — Artistes dramatiques : Borsary, Gilles Nasa, Villot, etc.* A gauche, parallèlement : *L'entrée du journal est interdite* : 1° *à Monsieur le Bourgmestre ;* 2° *à Messieurs les Échevins ;* 3° *aux militaires non gradés ;* 4° *aux duègues de tous les théâtres ;* 5° *au comte Loghen ;* 6° *à l'abbé Peurette ;* 7° *aux rédacteurs du Saint-Michel ;* 8° *à la clarinette basse de la Monnaie ;* 9° *aux chiens errants.*

23. — AVRIL[1]

Cette feuille de caricature comprend neuf sujets :

I. — En haut, au milieu, un marmiton, de face, présente un grand poisson sur un plat. Le personnage est coupé à mi-corps par une banderole croisée portant les mots : *Avril. Revue de fin de mois.*

II. — Sur une demi-douzaine de parapluies abritant, au ras du sol, des personnages invisibles, tombe une averse épouvantable.

Légende : On commence déjà à faire des petits pike-niks.

III. — Un grand parapluie couvre deux personnages dont on ne voit que les pieds, pendant qu'il tombe une pluie torrentielle.

Légende : Parfois on est deux... Ah! qu'il fait donc bon!... qu'il fait donc bon!...

IV. — Un troupier de mauvaise mine, le sac au dos, la pipe à la bouche, et appuyé sur un bâton de profil à droite, cause avec une plantureuse fille.

Légende : Les Malakoffs de la paix.

V. — Dans une rue, à la nuit noire, deux bourgeois, qui viennent de s'apercevoir mutuellement, s'éloignent précipitamment l'un de l'autre avec une égale terreur.

Légende : Minuit, Sapristi! si c'était le revenant!!!
— Sapristi! si c'était la Dame noire!!!

VI. — Un bourgeois en robe de chambre, debout de trois

1. Parue avec la suivante dans le nº du 4 mai 1856.

quarts à gauche, coiffé d'une calotte et tenant son journal à la main, répond avec amertume à une question de son moutard.

Légende : Papa qu'est-ce que ça veut dire : *O rus! quando te aspiciam?*
— Ça veut dire : Saperlotte! que je voudrais bien voir un cosaque.

VII. — Un contrôleur du théâtre des *Variétés Amusantes* se penche furieusement vers un spectateur stupéfait.

Légende : Monsieur, je crois que vous venez de tousser...
— Mais, Monsieur, je suis enrhumé!!!
— Si vous continuez dans cette voie déplorable pour l'ordre, je serai forcé de vous exclure.

VIII. — Un professeur, dans sa chaire, vu de face, fait une leçon de littérature grecque à deux gamins assis à leur banc et vus de dos, dont l'un se lève avec vivacité.

Légende : — *Le Professeur*. — Homère chantait les exploits des...
— Omer-Pacha, M'sieur?...

IX. — Un monsieur vu de dos passe, le chapeau à la main et courbé jusqu'à terre, devant un contrôleur de théâtre assis à son bureau, et coiffé d'un bonnet à poil. En outre, le cerbère tient un sabre à la main.

Légende : Costume adopté par le contrôleur des Variétés Amusantes pour intimider les perturbateurs.

24. — FÉTIS[1]

Galerie d'Uylenspiegel.

Caricature.

Le bonhomme chauve, vu de face, accroupi à la turque

1. Ancien directeur du Conservatoire Royal de Musique de Bruxelles.

sur une estrade, soutient devant lui, de la main droite, une partition, et, de la gauche, lève son bâton de chef d'orchestre. Au-dessous de lui et tout autour, un grand nombre de musiciens esquissés jouent de divers instruments.

LÉGENDE : Sous ce masque pensif, sous cet air de caniche,
Se cache un homme illustre, un grand musicien :
C'est *Fétis*, pour nous tous véritable fétiche,
Et du Conservatoire énergique soutien.

25. — MENUS PROPOS[1]

M. Jules, s'il vous plaît?

Un gentleman, médiocrement vêtu d'une redingote boutonnée très haut et d'un chapeau passablement bossué, se penche un peu vers la gauche pour interroger, à travers le guichet d'une porte, une affreuse portière dont la tête s'encadre dans l'étroit orifice. Les fonctions de la pipelette sont caractérisées par un vaste écriteau, où on lit : *Prison pour dettes. Concierge.*

Signé en bas, à droite : *F. Rops.*

LÉGENDE : M. Jules, s'il vous plaît?
— Il est sorti, Monsieur; mais vous pouvez repasser demain : il ne reste jamais longtemps dehors.

26. — MENUS PROPOS

Dites donc, chère tante...

Une vieille dame, assise, de profil à droite, dans un vaste fauteuil, déguste paisiblement sa tasse de café en lançant

1. Parue avec la suivante dans le nº 15, du 11 mai 1856.

un regard sévère à une jeune fille assise devant elle en sens inverse, et tenant un livre sur ses genoux.

Dans le fond, à gauche, un meuble en forme de secrétaire couvert de bibelots ; à droite, un guéridon supportant une bouteille et une cafetière.

Signé à droite, en bas : *Rops*.

Légende : Dites donc, chère tante, qu'était-ce que Scarron le cul-de-jatte ?
— On dit... derrière-de-jatte, Mademoiselle !

27. — PROMENADE AU JARDIN ZOOLOGIQUE [1]

Page de caricatures comprenant dix sujets.

I. — En haut, dans toute la largeur, la perspective d'une rivière pittoresquement bordée d'arbres et de chalets rustiques. Un pont de fantaisie est jeté sur le cours d'eau, et sur l'ensemble se détache, en capitales, le titre général : *Promenade au Jardin zoologique*.

II. — Deux bourgeois paisiblement assis de face, côte à côte, échangent des impressions musicales.

Légende : *Au concert*. — Tiens ! je ne connaissais pas cette flûte !
— C'est le Hocco...
— Ni cette rentrée d'ophicléides !
— Ce sont les ours.

III. — Un brave promeneur interroge anxieusement avec son lorgnon un petit pot d'où émerge une tige imper-

1. Parue avec la suivante dans le n° 17, du 25 mai 1856.

ceptible, et sous laquelle on lit : *Cèdre du Liban*. Pendant ce temps, un camarade, debout au second plan, consulte une liste.

Légende : Voilà le Cèdre du Liban !
— Çà?
— Çà!

IV. — Un officier de la garde civique, coiffé de son shako à plumes et donnant le bras à son épouse, s'est arrêté devant l'autruche.

Légende : Quel air bête toutes ces plumes-là lui donnent !

V. — Un monsieur, de face, dessiné jusqu'à mi-jambes, désigne l'éléphant à un camarade, de profil à gauche.

Légende : Vois, l'éléphant fait sa partie dans le concert... Il joue de la trompe.

VI. — Un bourgeois, son chapeau à la main, s'élance à la poursuite d'un insecte qui vole. Sa digne moitié, tout émue, le retient par le pan de son habit.

Légende : Tiens, je vais attraper ce hanneton pour notre Dodolphe !
— Prends garde, Loulou : il fait peut-être partie des collections !

VII. — Un visiteur d'aspect cacochyme, debout, de profil à droite, la main droite dans sa poche, se penche vers une vitrine, tandis que, derrière lui, sa *dame* se tient très raide à son côté.

Légende : Là, Bobonne, c'est le *Protococus viridis*. C'est très joli au microscope solaire !

VIII. — Un papa, debout de face, montre à son gamin

de fils, accoudé à une balustrade, de profil à droite, un chameau qui s'avance dans le fond.

Légende : Imite cet animal, mon fils : c'est le modèle de la tempérance.
— Tiens! comment donc qu'il a fait pour se donner une... bosse?

IX. — Monsieur et Madame vus de face, celle-ci portant son panier, vus jusqu'à mi-jambes, rentrent chez eux paisiblement, bras dessus bras dessous.

Légende : *Le Retour.* — J'aurais bien voulu acheter quelques canards...
— Bah! tu t'abonneras à l'*Émancipation!*

X. — Deux élégants grotesques vus de dos, le chapeau à la main, causent debout devant la cage des singes.

Légende : Qui dirige l'orchestre?
— C'est Singelée.
— Ces singes laids? — Ah bah!

Signé dans le coin inférieur droit : *F. Rops.*

28. — LA TRAITE DES BLANCS

Comment! maraud, voilà une heure...

Mollement étendu sur un divan, de profil à droite, tenant un grand chibouque de la main gauche, un gommeux de 1856 interpelle sévèrement son domestique. Celui-ci, debout au second plan, et les deux mains sur les hanches, paraît peu ému des admonestations de son maître.

Légende : Comment! maraud, voilà une heure que je sonne et tu ne viens pas!
— Je croyais que Monsieur sonnait pour son amusement.

LI SOTTE MARIE-JOSÈPHE

29. — LES BOURGEOIS[1]

C'est le printemps : tout pousse...

Ils sont deux se promenant dans une campagne crépusculaire. L'un, à droite, nu-tête, la main derrière son dos, s'avance de face, la tête béatement renversée en arrière. Son compagnon lui parle en penchant un peu la tête vers lui.
Signé à droite en bas : *F. Rops*.

LÉGENDE : C'est le printemps : tout pousse, tout sort de terre. — Pourvu que ma femme ne s'avise pas d'en sortir!!!

30. — ACTUALITÉS[2]

Capitaine. L'Illumination. Ville de Liège. Le Lampion.

Quatre scènes sur une même feuille.

I. — Un bourgeois, en bonnet de coton, et sa femme, un type de portière, causent assis auprès d'une table.

LÉGENDE : Oui, ma chère amie, comme capitaine, j'irai aux bals de la Cour; je serai aux fêtes des grandeurs.

II. — Un Monsieur, nu-tête, l'air très vexé, s'adresse à deux autres, en se tenant le derrière douloureusement.

LÉGENDE : Figurez-vous, Messieurs, que je parlais d'illumination, et on m'a jeté par la fenêtre... On m'avait pris pour le Dr Crom...

1. Parue dans le n° 18, du 1er juin 1856.
2. Parue, avec la suivante, dans le n° 19, du 8 juin 1856.

III. — Conversation entre une demoiselle et un jeune homme.

Légende : Que représentes-tu dans la cavalcade, Maria ? — La Ville de Liège. — J'entends : une ville légère.

IV. Un bonhomme appuyé sur sa canne contemple d'un air rêveur un mur sur lequel on lit, à gauche : *Pour l'illumination du passage de la Monnaie s'a...sser au...tem Dotuss...* et à droite : *Pour l'illumination du passage Saint-Hubert, s'adresser au docteur Crom... n.r.* L'affiche de gauche est en partie masquée par le corps du personnage; celle de droite, par une déchirure figurée dans la vignette.

Légende : Le lampion n'est pas ce qu'un vain peuple pense.

31. — SOUBRE[1]

Galerie d'Uylenspiegel.

Caricature.

Debout, barbu, les cheveux bouclés, le front immense, il supporte des deux mains un vaste portefeuille contenant *Isoline ou les ch... éperons blancs*. A ses pieds, des manuscrits de musique intitulés : *Godefroid*, *Bohémiens*, *Cantate*.

Légende : On dit qu'autrefois une ville
S'est un beau jour bâtie aux accents d'Amphion :
Aujourd'hui Soubre, également habile,
Avec des chants bâtit sa réputation.

1. Auteur d'*Isoline ou les Chaperons blancs*. Depuis, directeur du Conservatoire de Musique de Liège.

32. — CHATEAU DES FLEURS

Eh bien! vous ne fumez pas[1]?

Une jeune femme décolletée, la cigarette à la bouche, tend son porte-cigarettes à un jeune homme timide.

Légende : Eh bien! Vous ne fumez pas, jeune cadet? — Oh non! pour un homme ce n'est pas convenable.

32bis. — A CHEEL DANS UN AN

Dans une grande cage grillée, sur laquelle on lit : *Incurable n°* 1, un personnage au profil accentué, orné de lunettes, et d'une petite lampe sur la tête, se tient accroupi de profil à droite devant un autre godet d'éclairage. Un gardien d'hôpital, debout de face, le montre du doigt à un visiteur qui le contemple avec un intérêt mêlé de terreur.

Légende : Celui-ci c'est le Dr Cromm... Sa folie consiste à vouloir illuminer tous les passages de l'univers.

33. — CHATEAU DES FLEURS[2]

Comment trouves-tu cette danseuse?...

Un jeune homme, nu-tête, est assis nonchalamment, les jambes croisées, sur un banc. Il répond à un camarade placé debout devant lui et coiffé d'un grand chapeau de paille.

1. Parue dans le n° 20, du 15 juin 1856, avec la suivante.
2. Parue, avec la suivante, dans le n° 21, du 22 juin 1856.

Dans le fond, un groupe de trois personnages, dont une femme, se détache sur une porte vitrée.

LÉGENDE : Comment trouves-tu cette danseuse que tu quittes?
— Je la trouve très légère... dans sa conversation.

33bis. — AU JARDIN ZOOLOGIQUE

Oh! queu drôle de bête...

Un paysan endimanché, vu presque de dos, son bâton pendu au poignet gauche, regarde avec stupeur un éléphant manger sa paille.

LÉGENDE : Oh! queu drôle de bête qui prend du foin avec sa queue et qui le met dans son... séant!!!

34. — CARICATURES[1]

Quatre sujets sur une même page.

I. — Deux messieurs causent devant un tas de pavés. L'un, coiffé d'un chapeau de paille, se tient de trois quarts à droite. L'autre, nu-tête, s'appuie de la main gauche sur une badine.

LÉGENDE : Pourquoi donc remue-t-on ainsi les pavés?
— C'est pour les fêtes : un souvenir patriotique... les barricades de 1830.

II. — Un voyou, mollement couché sur le ventre, se tient accoudé sur un gros tuyau de conduite des eaux.

1. Parue, avec la suivante, dans le n° 22, du 29 juin 1856.

Dans le fond circulent rapidement des gens affairés.

LÉGENDE : Faut dire tout de même que les fêtes, ça met fièrement les buses en mouvement!

III. — Un monsieur est étendu sur le dos, sous un vaste parasol, la tête appuyée sur un tuyau, comme le précédent.

LÉGENDE : Travaux des inspecteurs. Inspectant le ciel pour voir s'il ne pleuvra pas sur les ouvrages.

IV. — Un écriteau indique que la scène se passe aux *Bains Léopold*. Tandis qu'un gros monsieur tire sa coupe dans l'eau, sur la galerie un ouvrier appuyé sur une pioche lui adresse la parole.

LÉGENDE : Monsieur l'Architecte, nous sommes arrivés sur la place avec nos outils. Que faut-il faire?

— Laissez-moi tranquille : il fait trop chaud pour songer à tout ça.

35. — LÉON JOURET [1]

Galerie d'Uylenspiegel.

Caricature.

Le personnage s'avance à grands pas vers un écriteau portant une indication dont on ne voit que les trois dernières lettres : ATH. C'est un jeune homme imberbe, aux longs cheveux repliés en arrière, de trois quarts à gauche. Il s'appuie de la main gauche sur une grosse canne. Un monocle flotte à son cou. Sur son dos est pendu un paquet de paperasses où on lit : *Ma Mie*,

1. Auteur du *Tricorne enchanté*. Actuellement professeur de solfège au Conservatoire de Bruxelles.

Psaumes, *Opéras*, *Mélodies*, *Chœurs*, *Uylenspiegel*, *Le Lever*.

Signé dans le coin inférieur gauche : *F. Rops*, *56*.

LÉGENDE :

Grand col, grand paletot, grand lorgnon, grosse canne,
Grands yeux et gros sourcils, grande bouche et gros crâne.
Grands cheveux en arrière, et gros nez, trait pour trait
C'est notre ami Jonas, notre Léon *Jouret*.

36. — L'ART [1]

Dis donc, mon cher sculpteur...

Un artiste, assis, de trois quarts à gauche, sur un canapé vague, le pied droit appuyé sur la planchette inférieure d'un trépied qui supporte une maquette, cause avec son modèle, vers lequel il tourne la tête. La femme, debout de face et le poing droit sur la banche, est vêtue de sa chemise et d'un grand châle.

Dans le fond, deux statues.

Signé à droite en bas : *Rops*.

LÉGENDE : Dis donc, cher sculpteur, pourquoi nous fais-tu comme cela toutes nues, sans feuille de vigne?

— C'est depuis la maladie du raisin!!!

37. — LES BOURGEOIS

Vous allez être conseiller communal.

Deux *bourgeois* assis sur un banc, de trois quarts à droite, à l'ombre des grands arbres d'une promenade

1. Parue, avec la suivante, dans le n° du 6 juillet 1856.

publique, causent gravement. Celui placé au premier plan, de profil perdu, les deux mains sur sa canne, écoute attentivement. Le second pérore avec une satisfaction évidente.

Signé à droite en bas : *Rops, 56*.

Légende : Vous allez être conseiller communal, Monsieur : songez que c'est l'ambition qui perd les hommes d'État. Si Napoléon le Grand était resté simple capitaine d'artillerie, il serait encore aujourd'hui sur le trône de France...

38. — AU JARDIN ZOOLOGIQUE[1]

Les Ruches. — Les Ours blancs. — L'Hippopotame. L'Éléphant.

Quatre caricatures sur une même page.

I. — Un *bourgeois* et sa *bourgeoise* (deux types affreux !) sont debout de trois quarts à gauche, devant une ruche d'abeilles. *Madame* adresse la parole à *Monsieur*, qui tient son chapeau de la main droite, et son parapluie de la main gauche.

Légende : Mon ami, j'ai assez de ces ruches, allons voir les autruches...

II. — Devant la balustrade de la fosse aux *Ours blancs*, deux promeneurs mâles sont arrêtés debout et causent face à face. L'un d'eux, celui qui écoute, est nu-tête.

Légende : Figurez-vous, monsieur Vanbilsen, que je me suis laissé dire que ces bêtes-là venaient de plus de cent lieues loin...

III. — Un voyou, debout et vu de dos, *attrape* une dame

1. Parue, avec la suivante, dans le n° du 13 juillet 1856.

énorme, mais richement vêtue, qui s'éloigne dans le fond.

LÉGENDE : V'là encore l'hippopotame que le gardien a laissé sortir!!!

IV. — Debout de face, les deux mains derrière son dos, supportant sa canne et son chapeau, un jeune homme à la physionomie plus que naïve laisse échapper cette réflexion sur l'éléphant qu'on aperçoit, derrière lui, dans le fond, à gauche :

LÉGENDE : Je voudrais bien savoir si cette bête qu'ils appellent éléphant pond des œufs...

39. — LASSEN ET WIENAWSKI[1]

Galerie d'Uylenspiegel.

Caricatures.

Deux artistes, de profil à droite, exécutent un morceau d'ensemble de *Beethoven*. Celui qui occupe le premier plan, assis sur un tabouret trop bas, joue du piano. Sur sa barbe abondante et frisée se détache un très haut col blanc, et ses cheveux se dressent en toupet.

Le second, debout, imberbe, mais orné d'une longue chevelure plate, l'accompagne sur le violon.

Dans le fond à gauche, sur un meuble, une statuette.

Signé à gauche en bas : *Rops.*

LÉGENDE : Savez-vous bien quels sont ces deux artistes? — Qui? — Le très laid, c'est Lassen — Le plus laid, Wienawski.

1. Lassen était maître de chapelle du duc de Saxe-Weimar, à Weimar. Wienawski, professeur de violon au Conservatoire de Bruxelles, est mort il y a plusieurs années.

40. — LES FRAMBOISY[1]

Comment, Madame, je vous trouve en conversation...

Une assez gentille petite femme, debout de profil à gauche, cherche à expliquer à son mari, furieux, la présence d'un superbe Écossais en costume national qui assiste à la scène, dans le fond, le poing flegmatiquement posé sur la hanche.

Si l'on en juge par l'état du chapeau de *Monsieur*, son entrée a dû être mal accueillie par le gentleman étranger.

Légende : Comment, Madame, je vous trouve en conversation criminelle avec cet insulaire...

— Mais mon ami, tu sais bien que je ne sais pas l'écossais...

41. — FAUBOURG DE COLOGNE

Mademoiselle, vous n'avez pas une chambre?...

Deux messieurs à la physionomie britannique, chargés de paniers et de sacs de voyage, viennent de sonner à une porte d'appartement. Une charmante jeune femme, en costume négligé et légèrement décolleté, leur ouvre et semble écouter leurs offres avec une certaine indifférence.

Légende : Mademoiselle, vous n'avez pas une chambre à louer pour les fêtes?

— Mon Dieu! Mylords, je vous offrirais bien de partager mon appartement, mais il est déjà occupé par trois majors russes; — il est vrai que maintenant vous êtes en paix!...

1. Parue, avec la suivante, dans le n° du 20 juillet 1856.

42. — PENDANT LES FÊTES[1]

Monsieur, je vous prie de me laisser passer...

Deux messieurs, nu-tête, se heurtent violemment le ventre l'un contre l'autre, le long d'une petite balustrade. L'un d'eux, celui de gauche, paraît terrifié. Dans le fond la foule circule.

Signé à droite en bas : *Jules Vriel*[2].

Légende : Monsieur, je vous prie de me laisser passer... — Au secours! A moi! Un filou!!!

43. — EN PROVINCE[3]

APRÈS LES FÊTES

Vous venez sans doute des fêtes?...

Colloque entre deux personnages mâles, face à face, l'un nu-tête, l'autre en chapeau haut de forme et cravate blanche. Ce dernier est un médecin qui tâte le pouls à son malade.

Légende : Vous arrivez sans doute des fêtes de Bruxelles?
— Oui, docteur!
— Comment les avez-vous trouvées?
— Le faubourg de Cologne[4] est très bien composé.

1. Parue dans le n° du 27 juillet 1856.
2. Pseudonyme de Rops.
3. Parue, avec la suivante, dans le n° du 3 août 1856.
4. Ce faubourg jouissait à Bruxelles de la même réputation que le quartier Bréda à Paris vers la même époque : c'était le rendez-vous des femmes de mœurs légères.

44. — PENDANT LES FÊTES

Je vous arrête pour être sorti dans un costume...

Un gros homme en caleçon de bain et en bottes, debout de face, est interpellé par un agent de police, auquel il répond avec une expression narquoise.

Légende : Je vous arrête pour être sorti dans un costume prohibé. — Laissez-moi donc tranquille, je suis un Atuatique du collège de Namur.

45. — DÉBALLAGE [1]

Fichtre ! le marquis de Finœil...

Une dame trop potelée, en train de prendre son bain de mer, mais immergée seulement jusqu'aux genoux, se retourne vivement à droite, en reconnaissant son voisin, un maigre gentleman, non moins désagréablement surpris qu'elle-même.

Légende : Fichtre ! le marquis de Finœil, et je suis sans corset ! — Bigre ! la comtesse de Crupet, et je n'ai pas mon maillot rembourré.

46. — CORNÉLIS [2]

Galerie d'Uylenspiegel.

Caricature.

Debout de trois quarts à droite, vêtu d'une redingote

1. Parue, avec la suivante, dans le n° du 10 août 1856.
2. Professeur de chant au Conservatoire de Bruxelles.

boutonnée, tenant de sa main gauche son chapeau et sa canne, il porte de l'autre un gros recueil de *Méhul*. Sur un écriteau à gauche, on lit : *Rue de l'Arbre*. Dans le fond à droite, des jeunes filles se pressent à la porte du *Conservatoire*.

Signé à droite en bas : *F. Rops 56*.

Légende : Usant avec succès de son *ut* de poitrine
Ainsi que de son teint de roses et de lys,
Ce ténor gracieux n'est autre, on le devine,
Que le professeur Cornélis.

47. — COLORISTES [1]

Tiens ! voilà les petites Anglaises...

Deux peintres, l'un assis sur un pliant devant son chevalet et vu de dos, l'autre assis par terre de face et nu-tête, regardent avec émotion deux jeunes personnes esquissées dans le fond à droite, qui s'avancent de leur côté.

Horizon borné par le crête d'une colline prochaine.

Signé, sur un album ouvert à terre : *Rops 1856*.

Légende : Tiens ! voilà les petites Anglaises que nous avons vues à Spa... Elles sont bien blanches ce matin.
— Elles seront rouges à midi.
— Et grises le soir.

48. — COLORISTES

Tu vois bien ce vieux blanc ?

Deux jeunes gens en chapeau mou, vus jusqu'à mi-jambes, se donnant le bras, s'avancent en causant sous les

1. Parue, avec la suivante, dans le n° du 17 août 1856.

arbres d'une promenade. Dans le fond à droite, un vieux bonhomme s'éloigne les mains derrière le dos.

Signé à gauche en bas: *F. R.* (en blanc).

LÉGENDE : Tu vois bien ce vieux blanc?
— Qui est tout en bleu...
— Eh bien! c'est un rouge!...

49. — FÉLIX GODEFROID [1]

Caricature.

Le célèbre harpiste est représenté de trois quarts à droite, vêtu d'une vaste robe monacale, la tête entourée d'un nimbe, et jouant de son instrument.

Il lance à gauche un regard oblique.

Dans le fond, esquisse d'une figure pinçant également de la harpe, sous laquelle on lit : *Sancta Cecilia, ora pro nobis.*

LÉGENDE : Aux accents éoliens de la harpe immortelle
Qui résonne et frémit sous ton habile doigt,
L'auditoire en suspens t'acclame et te rappelle,
Illustre Félix Godefroid!

50. — OSTENDE [2]

Vois-tu, mon vieux, on a beau dire...

Assis côte à côte sur le sable, de trois quarts à droite, deux bonshommes à la physionomie peu distinguée et négligemment vêtus échangent leurs impressions sur des

1. Parue dans le n° du 24 août 1856.
2. Parue, avec la suivante, dans le n° du 31 août 1856.

baigneuses invisibles que l'un d'eux vient d'observer avec une longue-vue.

Dans le fond, des silhouettes variées de promeneurs et promeneuses.

Signé à gauche en bas : *F. Rops.*

Légende : Vois-tu, mon vieux, on a beau dire que la contrefaçon est abolie, — il y aura toujours des baigneuses contrefaites.

51. — OSTENDE

Seul avec l'océan...

Un bourgeois, glabre, mûr et déjà bedonnant, debout de profil à gauche, les mains croisées sur son ventre, regarde avec une expression rêveuse mais stupide les flots immenses déroulés devant lui.

Signé à droite en bas : *F. R.*

Légende : Seul avec l'océan, sous le regard de Dieu !

(Noel Tisserand, *Poésies fugitives.*)

52. — OSTENDE [1]

Qui sait où nous pousse le vent de la mer ?

Debout de face, nu-tête, les cheveux épars fouettés par le vent, les bras croisés sur un manteau flottant, un personnage d'allure romantique semble adresser au ciel une invocation douloureuse.

A gauche au fond, un matelot l'... interpelle en se faisant un porte-voix de ses deux mains; à droite, deux An-

1. Parue dans le n° du 7 septembre 1856.

glaises, une jeune et une vieille, le contemplent avec intérêt.

LÉGENDE : Qui sait où nous pousse
Le vent de la mer?...
Qui sait si le mousse...
Sera pâle... ou vert?...

(NOEL TISSERAND, *Juvenilia*, 1er vol.)

53. — MENUS PROPOS [1]

Votre père, voyez-vous...

Un intérieur de cabaret.

Un bourgeois nu-tête, assis de profil à droite, cause à un ouvrier debout, en casquette, auquel il vient d'offrir un verre... de trop. Ce dernier paraît aussi pochard que menaçant, et son interlocuteur fort intimidé.

Dans le fond à gauche, divers consommateurs buvant et fumant.

A droite, la patronne à son comptoir.

Signé à droite en bas : *F. Rops 56.*

LÉGENDE : Votre père, voyez-vous, c'était un brave et digne homme ; mais votre mère, c'était une...
— Une quoi?
— Une petite sèche...

54. — GOOSSENS [2]

Galerie d'Uylenspiegel.

Caricature.

Le personnage, portant toute sa barbe et souriant assez

1. Parue, avec la suivante, dans le n° du 21 septembre 1856.
2. Baryton, chanteur de concerts.

pour faire voir ses dents, se tient debout de face, les deux mains sur ses hanches.

Signé à gauche en bas : *F. Rops, 56*.

Légende : L'aveugle harmonieux de l'antique Ionie
Sur sa lyre chantait les malheurs d'Ilion.
Autre *Omer* dont la barbe est non moins bien fournie,
De nos jours *Goossens* chante en voix de baryton.

55. — RUGGIERI

Actualités[1].

Caricature.

Le célèbre artificier, soigneusement rasé et de profil à gauche, est représenté dans une attitude triomphante, debout au sommet d'un piédestal noir sur lequel son nom se détache en grandes lettres blanches.

C'est la nuit. Sur ses épaules pend un vaste manteau sombre ; sa tête se détache sur un soleil d'artifices qui lui forme un nimbe lumineux. De la main droite il s'appuie sur un baril de poudre ; de la gauche, il tient une mèche enflammée.

Dans le lointain, esquisse du panorama d'une ville noyée dans l'ombre.

A gauche, la lune fait une horrible grimace.

Légende :

Parfois on voit au sein de cascades de flamme
Bondir un démon noir, lequel rugit et rit...
On peut se dire alors : De tous ces feux c'est l'âme,
C'est l'illustre *Ruggieri*.

1. Parue, avec la suivante, dans le n° du 28 septembre 1856.

56. — ACTUALITÉS

Mon bon membre du Congrès de bienfaisance...

Une vieille mendiante, de profil à gauche, appuyée sur un bâton, tend la main à un monsieur en habit noir et nu-tête debout au seuil d'un monument sur lequel on lit : *Congrès de bienfaisance.* Ce personnage, en lunettes, doué d'un physique rébarbatif, tend à la bonne femme, en guise d'aumône, une épaisse brochure.

Signé à gauche en bas : *Vriel.*

LÉGENDE : Mon bon membre du Congrès de bienfaisance, un sou, s'il vous plaît : je meurs de faim...

— Tenez, prenez plutôt mon discours d'hier, et lisez-moi ça.

57. — ACTUALITÉS [1]

Comment! c'est là l'illumination?

Il fait nuit. Un groupe d'hommes, de femmes et d'enfants rangés devant une corde tendue. Au centre, deux bourgeois, l'un de face en redingote, l'autre de profil à droite en habit, échangent leurs réflexions.

Signé à gauche en blanc : *Rops.*

LÉGENDE : Comment! c'est là l'illumination?

— Nous serons arrivés trop tard : il fait déjà trop sombre pour la voir.

1. Parue dans le n° du 5 octobre 1856, avec la suivante.

58. — MADAME RISTORI

Galerie d'Uylenspiegel.

Caricature.

Elle est assise, les deux mains sur ses genoux, dans le costume de Marie Stuart.

Signé à droite en bas : *Félicien Rops 56.*

A gauche en bas, on lit dans la marge : *Bruxelles, 29 septembre* 1856, — et à droite : *A Étienne Carjat. Sympathie. F. Rops.*

LÉGENDE : Maria RISTORI Stuarda.

59. — POÉSIE [1]

J'aime à voir s'émailler les splendides prairies...

Le poète, assis au milieu des champs, adossé à des blés mûrs, le menton dans sa main gauche, son chapeau et sa canne à ses pieds, médite. Dans le fond à droite, des oripeaux sur un échalas pour effrayer les oiseaux.

Signé à gauche, en bas : *Félicien Rops 56.*

LÉGENDE : J'aime à voir s'émailler les splendides prairies
D'un très rare rhododendron
Et sur l'engrais Hillel des campagnes fleuries
Onduler la blonde moisson!!!

(VICTOR HOVIS. *Poésies très fugitives.*)

1. Parue, avec la suivante dans le nº du 12 octobre 1856.

JUIF ET CHRÉTIEN

DEBIT DE

DEBIT DE

60. — PROSE

Bouvignes.

Un voyageur, tête nue, arrêté dans une ville auprès d'une grande croix en pierre, consulte attentivement son guide.

Dans le fond, à gauche, esquisse d'un cocher de maître debout.

Légende : Bouvignes, avec 960 habitants, possède des salines, des poteries et des hauts fourneaux ; pas de tribunal de première instance... (*Guide Hen.*)

61. — CRINOLINES [1]

Éclipse partielle.

Un monsieur et une dame à son bras, vus de dos, s'éloignent vers un horizon vague. Le monsieur tient sa canne élevée dans la main gauche, mais toute la partie inférieure de son individu est submergée sous la crinoline énorme de sa femme.

Légende : *Éclipse partielle* — de la plus noble moitié du genre humain.

62. — POÉSIE

Les Poètes d'Orient.

Dans une chambrette d'étudiant, un jeune homme est étendu sur son lit, tout souriant, coiffé d'un fez, tenant de

1. Parue dans le n° du 19 octobre 1856, avec la suivante.

la main droite un long chibouque dont le fourneau repose à terre auprès d'un gros livre.

Signé à droite, en bas, en blanc : *F. Rops*.

Légende : *Les Poètes d'Orient.*

Revivre Oriental! Oh! l'excellente aubaine,
Fumer du tabac des plus sains...
Avoir la beauté blanche et la beauté d'ébène,
Auprès de soi... sur des coussins.

63. — FOSSE AUX LIONS [1]

Dans une loge de théâtre découverte, deux *lions*, l'un jeune et imberbe et l'autre déjà mûr, dont la coiffure affecte une allure un peu cornue, s'étalent avec une satisfaction visible.

Au fond, à droite, esquisse de deux dames dans la loge voisine.

Signé à gauche en bas : *F. Rops*.

Légende : — Elle est bien, cette petite danseuse : la connaissez-vous?

— Un peu : je l'ai rencontrée dans un bois...

— De lit?...

64. — ROBERT [2]

Galerie d'Uylenspiegel.

Caricature.

Au milieu d'un chaos d'esquisses de portraits, il se tient campé debout, profil à gauche, le regard direct, une

1. Parue, avec la suivante, dans le n° du 26 octobre 1865.
2. Professeur à l'Académie de Bruxelles.

main posée sur le dos d'une chaise basse portant une palette, l'autre campée sur la hanche.

Signé à droite, en bas : *F. Rops.*

65. — LES FRAMBOISY [1]

Tiens! vois-tu, Estelle, ton king-charles est joli...

Deux jeunes beautés causent, debout, dans un salon élégant. L'une est vue de dos ; l'autre, très décolletée, se tient de profil à gauche.

Dans le fond, du même côté, indication d'un gentleman mollement renversé dans un fauteuil.

Signé à gauche en bas : *Félicien Rops.*

Légende : Tiens! vois-tu, Estelle, ton king-charles est joli; mais en fait de bête je préfère un joli garçon.

66. — POÉSIE

Les Poètes à la chasse.

Un chasseur, d'aspect plus embarrassé que redoutable, est debout de face, son fusil à la main, les pieds dans une mare, à l'ombre de grands arbres. Il est vêtu d'une redingote et d'un chapeau élevé, témoignant d'une certaine inexpérience des choses cynégétiques.

Signé à gauche en bas : *F. Rops.*

Légende : *Les poètes à la chasse.*

La plante de nos pieds que la froidure pique
Ne serait-elle pas une plante aquatique?

1. Parue, avec la suivante, dans le n° du 2 novembre 1856.

67. — ACTUALITÉS [1]

Envahissement de l'armée belge par la crinoline.

Deux militaires d'allure comique s'avancent de face à grands pas, en sortant de la *Caserne.*

C'est un grenadier au vaste chapeau à poil, dont la tunique s'épanouit en plis bouffants, et un fantassin qui développe complaisamment de la main gauche l'étoffe de son pantalon à la houzarde.

Signé à droite en bas : *F. R.*

Légende : Envahissement de l'armée belge par la crinoline.

68. — FÉLIX BOVIE [2]

Galerie d'Uylenspiegel,

Caricature.

Il est de face, les deux mains dans ses poches, une cigarette à la bouche. Il porte la moustache et une petite mouche; ses longs cheveux retombent sur son œil droit.

Dans le fond, on lit les indications suivantes, accompagnant des croquis rudimentaires : *Éloge du Cochon, le Cœur, la Bagatelle, les Femmes de la Bible, Cercle des Arts, le Paradis terrestre.*

---

1. Parue, avec la suivante, dans le nº du 9 novembre 1856.

2. Poète chansonnier, auteur des *Femmes de la Bible*, du *Cœur* et de *la Bagatelle*, chansons érotiques célèbres publiées dans le *Parnasse satirique du* XIXᵉ *siècle* et dans l'*Almanach des Agathopèdes.* Il était le trésorier de cette fameuse société, et rima en cette qualité ces vers connus :

> ...De tous ces vieux cochons
> Dont j'ai l'honneur de conserver les fonds...

A droite, esquisse d'un chevalet supportant un tableau et une palette.

Signé à droite en bas : *F. Rops.*

69. — CRINOLINOGRAPHIES [1]

La crinoline remettant à la mode le menuet.

Une jeune femme, debout de face, décolletée, mais portant une énorme crinoline qui remplit toute la feuille, s'avance au milieu d'un bal, appuyant sa main gauche sur le bras d'un cavalier que le volume de ses jupes retient éloigné d'elle.

Signé à gauche en bas, en blanc : *F. Rops.*

LÉGENDE : La crinoline remettant à la mode le menuet de nos pères.

70. — CRINOLINOGRAPHIES

Monsieur, il ne nous reste plus qu'une stalle.

Nous sommes dans les couloirs d'un théâtre. Un monsieur distingué, mais quelque peu chauve, écoute avec résignation les indications que lui donne un garçon de salle.

Signé à gauche en bas, en blanc : *F. Rops.*

LÉGENDE : Monsieur, il ne nous reste plus qu'une stalle... la quinzième... sous la crinoline de Mme Granron.

1. Parue, avec la suivante, dans le n° du 16 novembre 1856.

71. — LES FRAMBOISY[1]

Regarde, mon cher, voilà une étude...

Un peintre, négligemment assis, les jambes croisées, de profil à gauche, exhibe avec satisfaction à un ami une grande académie de femme vue de dos. Le camarade, debout de face, l'écoute narquoisement.

Signé à gauche en bas, en blanc : *F. Rops.*

Légende : Regarde mon cher, voilà une étude d'après ma femme...
— Dieu ! que c'est ressemblant...
— C'est ce que tout le monde me dit.

72. — NADAR (AINÉ)

Galerie d'Uylenspiegel.

Caricature.

La tête du célèbre photographe, tournée de face, étincelle comme un soleil en se détachant sur le drap sombre d'un énorme objectif. Il est assis sur un très petit tabouret, les deux mains jointes sous les cuisses de deux jambes interminables.

Dans le fond on lit : *Seule maison Nadar*, 113. *rue Saint-Lazare... Panthéon.* A terre gisent : Le *Journal Amusant*, le *Musée Français-Anglais*, la *Revue Comique*, le *Petit Journal pour rire*, *Binettes contemporaines*, *Quand j'étais étudiant.*

Signé à gauche en bas : *F. Rops.*

1. Parue, avec la suivante, dans le nº du 25 novembre 1856.

73. — PORTRAITS[1]

Elle avait le nez rouge et bleu...

Une vieille femme, dans un costume bizarre, coiffée d'un grand chapeau pointu et chaussée de sabots, se tient debout, au milieu d'une rue, un vaste parapluie fermé dans la main droite. La figure est souriante et louche, mais d'une expression très intéressante. Son ombre se projette bizarrement sur un mur.

Signé à droite en bas : *Rops.*

LÉGENDE :

Elle avait le nez rouge et bleu, le regard louche,
Ses cheveux avaient dû jadis être fort beaux :
Cinq défenses encor souriaient dans sa bouche,
Et deux jambes de coq dansaient dans ses sabots.

74. — PORTRAITS

De son ardente foi l'heureux dépositaire...

Un grand diable d'homme trop maigre et d'aspect famélique, quoique vu de dos, est arrêté debout, sa canne et son chapeau déformé dans la main gauche. Il contemple rêveusement sur un mur l'affiche suivante : *Au comte de Chambord. Bon vin.*

Signé à gauche en bas : *Rops.*

LÉGENDE : De son ardente foi l'heureux dépositaire
Était grand et blondin et fluet comme un I.
Il était abhorré de son propriétaire,
Car il avait un nom sur parchemin jauni.

1. Parue avec la suivante, dans le n° du 30 novembre 1856.

75. — CRINOLINOGRAPHIES[1]

Plan, coupe et élévation d'une contemporaine.

Un monsieur vu de dos jusqu'à mi-corps contemple avec stupeur un tableau bizarre collé au mur. On y voit la moitié d'une esquisse de femme, dont la hanche sert de point de départ à des lignes disposées en forme de feuilles d'éventail, numérotées de 1 à 11. Sur la fesse droite de la femme, le chiffre 12. Puis, à côté, un tableau explicatif où on lit : 1. *Crinoline*, 2. *Idem*, 3. *Idem*, etc., etc. 12. *Femme!* — *Cluzeau*[2] *aîné, architecte.*

Signé à gauche en bas : *F. R.*

LÉGENDE : Plan, coupe et élévation d'une contemporaine.

76. — CRINOLINOGRAPHIES

Étaient-elles drôles, ces femmes !...

La scène se passe au musée des Antiques. Une dame vue jusqu'à mi-corps cause avec un monsieur de profil à droite, nu-tête. Dans le fond, esquisse d'une statue de femme nue.

Signé à droite en bas : *F. R.*

LÉGENDE : Étaient-elles drôles, ces femmes du temps des Romains !

— Le fait est qu'elles manquaient un peu de crinoline.

1. Parue, avec la suivante, dans le n° du 7 octobre 1856.

2. Le premier qui eut l'idée de créer des magasins dans le genre du Louvre, du Bon-Marché, du Printemps. Sa réclame, audacieuse pour l'époque, avait couvert les murs de Bruxelles d'affiches où on lisait notamment : « On peut visiter les 14 magasins de Cluzeau aîné sans être tenu de faire la moindre emplette! » — Inutile d'ajouter que ce novateur fit une faillite retentissante.

77. — POÉSIE[1]

Que fais-tu maintenant, ma blonde Juliette?

Un admirable pochard, chancelant, s'appuie et se cramponne à une borne. Il porte un chapeau de forme élevée et ferme langoureusement les yeux.

Signé à droite en bas : *Rops.*

LÉGENDE :

Que fais-tu maintenant, ma blonde Juliette?
M'as-tu donc oublié, moi qui t'aime à genoux?
Faut-il attendre ici le chant de l'alouette,
Moi, Roméo blagué, qui pose au rendez-vous?

78. — STEVENIERS[2]

Galerie d'Uylenspiegel.

Caricature.

Il est assis de trois quarts à gauche, tenant son violon dans la main droite sur son genou, le bras gauche rejeté sur le dossier de sa chaise. Le front est dénudé, et il porte de grands favoris.

Signé à droite en bas : *Rops.*

1. Parue, avec la suivante, dans le nº du 14 octobre 1856.
2. Ancien professeur de quatuors au Conservatoire de Bruxelles.

79. — CRINOLINOGRAPHIES[1]

Costume de la magistrature.

Deux conseillers, nu-tête, causent sur le seuil de la *Cour d'assises*. L'un est de face, l'autre de profil à gauche. Ce dernier porte un grand dossier sous son bras. Tous deux sont vêtus de robes ridiculement enflées et garnies de volants !

Signé à gauche en bas : *F. R.*

Légende : Costume de la magistrature proposé pour 1857.

80. — CRINOLINOGRAPHIES

Un homme énorme, aussi large que haut, entièrement vu de dos, marche en s'éloignant.

Signé à droite en bas : *F. R.*

Légende : M. Borsary sera soupçonné de porter de la crinoline.

81. — EN ARDENNE[2]

Où l'artiste se repent...

Un malheureux rapin, surpris par des loups au milieu de la neige, s'éloigne rapidement, le sac au dos, par la

1. Parue dans le n° du 21 décembre 1856.
2. Parue, avec la suivante, dans le n° du 28 décembre 1856.

gauche. Dans le fond à droite, deux bêtes affamées le poursuivent.

Signé à gauche en bas : *Félicien Rops*.

Légende : Où l'artiste se repent vivement d'avoir été peindre des effets de neige.

82. — EN ARDENNE

Par où faut-il prendre?...

En pleine campagne, deux artistes debout, dont l'un porte une boîte à couleurs, causent avec des gamines. Un chien aboie après eux.

Signé à droite en bas, en blanc : *Rops*.

Légende : Par où faut-il prendre pour aller à Saint-Hubert, ma petite?

— Pour aller à Saint-Hubert, Monsieur, il faut prendre par la Froide-Vallée; vous traverserez la closière à Rouvaux, le jardin de Monsieur le Curé, vous demanderez le chemin, et vous arriverez bien sûr.

83. — A NOS ABONNÉES[1]

Sur la double feuille est figurée une affiche énorme se détachant sur un fond vague de ville esquissée. Là sont dessinés les bustes légèrement caricaturés des rédacteurs de l'*Uylenspiegel*. On lit en haut : A nos abonnées. *Dessin inachevé. Mieux faire est une question de temps.* Puis, sous chacun : *Pittore*, *Benedict*, *de Villebelle*, *Victor Hovin*,

1. Parue dans le n° du 4 janvier 1857. Cette pièce est intéressante à cause du portrait de Rops dessiné par lui-même, et très ressemblant d'après les photographies de l'artiste contemporaines de cette époque.

de Coster, *Wiertz*, *Édouard Brun*, *Isengrin*. *Karl Sturb*. *Noël Tisserant*, *Karski*, *Noël Jocastre*, *F. Rops*.

Ce dernier dessine avec quatre mains !

En demi-cercle autour de sa tête sont écrits ces quatre vers inoffensifs :

C'est un antique usage, et dont nul ne s'écarte,
Quand la nouvelle année arrive, que chacun
Porte à ses bons amis ses souhaits et sa carte :
Nous nous conformons donc à l'usage commun.

84. — LES ÉTRENNES[1]

Composition humoristique à l'occasion du 1er janvier. Au centre, un pilori supporte la triste défroque d'un Bourgeois enchaîné. Tout autour, une couronne de types variés tendent vers lui des mains avides. Ce sont : *les Garçons* ; *la Servante*, *le Cocher*, *Mlle Nina*, *le Tambour de...*, *les Vieillards*, *la Limonadière*, *les Blessés de Septembre*, *la portière*, *le Concierge*, *Chers parents*, *la Sage-femme*.

Signé à droite en bas : *F. Rops*.

85. — FRANÇOIS WILBRANT

A cheval sur un plan de fortification, il porte de la main gauche un fusil et, sur le genou droit, un faisceau des mêmes armes. A gauche dans le fond, un homme et une femme causant sont légèrement indiqués.

Signé à droite : *Félicien Rops*.

1. Parue dans le n° du 11 janvier 1857 avec la suivante.

86. — LE DERNIER DES CLASSIQUES[1]

Les vieilles lunes.

Maigre et douloureusement rêveur, le dernier représentant de l'école démodée est assis de face à une petite table de cabaret garnie d'un verre et d'une bouteille. Les deux coudes sur la table, il supporte péniblement dans ses deux mains décharnées sa tête chevelue, où des yeux égarés cherchent vainement au plafond une inspiration rebelle. A terre, une pipe cassée et des feuillets épars, sur lesquels on lit : *Chants de la cinquantième année. Chants...*

Dans le fond à gauche, esquisse d'une servante de profil. Sur un tableau fixé au mur, on lit : *Wappers.*

Signé à droite en bas : *Rops.*

87. — LE DERNIER DES ROMANTIQUES

Gros, gras, pesant et riche, il étale dans un vaste fauteuil sa bedaine triomphante, où se triture doucement la digestion lente d'un plantureux déjeuner. Un cigare exquis fume dans sa main gauche. Cependant une servante vénérable et digne lui apporte le café, et dans l'atonie de son regard vague passent les reflets troubles de libations trop copieuses.

Tout autour, des tableaux, des draperies, des objets d'art. A terre, sur un feuillet de livre, on lit : *Fleurs de l'âme.*

Signé à droite en bas : *F. Rops.*

1. Parue avec la suivante dans le n° du 18 janvier 1857. Ces deux pièces doivent être rangées parmi les meilleures de l'*Uylenspiegel.*

88. — LOUIS SACRÉ [1]

Galerie d'Uylenspiegel.

Caricature du personnage, debout de trois quart à gauche, devant un pupitre, son violon sous le bras gauche. D'énormes favoris encadrent son visage, et il est coiffé d'un chapeau haut de forme. La silhouette se détache sur un fond de feuillets blancs où sont inscrits les titres suivants : *Brabant et Flandre, Marguerite, Casilda, Faust, Souvenir des Ardennes, les Truands, Saint-Hubert, etc., etc.*

Signé à droite en bas : *F. Rops.*

89. — VICTOR VANHOVE [2]

Galerie d'Uylenspiegel.

Caricature. — Il est représenté debout, la jambe droite

1. Maître de danse et chef d'orchestre des bals de la Cour.

Parue dans le n° du 25 janvier 1857.

2. Sculpteur et peintre. Le musée de Bruxelles possède de lui *une Bastonnade* et *la Vengeance.*

Parue dans le n° du 1er février 1857. C'est le premier n° de la 2e année du Journal.

Dans les *Zigzags* nous relevons une nouvelle à la main qui, dans une forme vive et spirituelle, venge une grande artiste et un grand journal français d'attaques violentes et injustes.

« Le correspondant à Paris du *Journal de Bruxelles* dit, en parlant du *Figaro*, dans un article où il appelle spirituellement Mlle A. Brohan une drôlesse :

« Un journal qui vit de scandale et de ridicule...

« Il me semble que, si un journal pouvait vivre de ridicule, le *Journal de Bruxelles* n'aurait pas été réduit à publier, il y a peu de temps, sa fameuse circulaire genre Patachon. » *Signé :* Victor Hallaux.

Dans le même numéro, sous la rubrique *Refugium peccatorum*, des définitions fantaisistes, dans le style du *Charivari :*

« *Jambon.* Réunion désirable quand ils sont bien fumés.

« *Foi.* Vertu théologale des charretiers, etc. etc. »

un peu pliée derrière la gauche, accoudé sur un grand escabeau portant un buste ébauché, la main gauche sur la hanche. Dans le fond, des maquettes et des esquisses.

Signé à droite : *F. Rops.*

90. — EN ARDENNE[1]

V'la co li sotte Marie-Josèphe...

Une paysanne, assise sur un banc adossé à un mur de cimetière, les coudes sur les genoux, le menton dans les mains, fixe devant elle des yeux égarés. A gauche derrière elle, un enfant la signale à un camarade invisible en faisant de ses mains un porte-voix.

Signé à gauche en bas : *Rops.*

Légende : Vlà co li sotte Marie-Josèphe qui pinse à en éfant qu'on a interré !

91. — ANTONIN CLESSE[2]

Galerie d'Uylenspiegel[3].

Il est assis de trois quarts à gauche, dans un fauteuil bas, la main droite sur son tibia. Le visage glabre est souriant, et trois volumineux toupets ornent son chef. — Dans le fond à gauche, on lit : *La Bière!* et, plus bas, à côté d'un étau fixé à un établi : *Mon étau!*

Signé à droite en bas : *Félicien Rops.*

1. Parue dans le n° du 8 février 1857. C'est une page saisissante, représentant une image admirable du désespoir maternel.

2. Chansonnier populaire et armurier à Mons. Auteur de *la Bière!*

3. Parue dans le n° du 15 février 1857.

92. — LES DERNIERS FLAMANDS[1]

Voyez-vous, monsieur Coremans, Paris c'est une ville...

Étonnante réunion de types bourgeois groupés, à la brasserie, autour d'une table, et discutant des choses du jour. L'orateur du moment, assis, le chapeau sur la tête, joue négligemment de la main gauche avec une longue chaîne de montre; de la main droite il tient son cigare, et toute sa personne respire la richesse et la satisfaction de soi-même. A gauche, deux auditeurs maigres, mais attentifs. Au milieu, de dos, un grincheux, dont on ne voit que le crâne, sillonné par quelques rares mèches, mais dont on devine la contradiction prochaine. Dans le fond, un camarade écoute, debout, la pipe à la bouche. Le patron contemple dédaigneusement la scène, et une grosse commère paraît hausser les épaules.

Signé à gauche en bas : *Félicien Rops.*

Légende : Voyez-vous, monsieur Coremans, Paris est une ville ous que c'est tous les jours fête de Septembre... mais pas un bon verre de faro à trouver...

93. — SOUVENIRS

En attendant la confession.

Une vieille Flamande affreuse, coiffée du haut chapeau de paille, est assise, de profil à droite, sur une chaise, noyée

1. Parue avec la suivante dans le n° du 29 mars 1857.

dans la pénombre de l'église, les mains jointes sur ses genoux, et la tête penchée en avant.

Légende : En attendant la confession.

94. — ÉTUDES MARITIMES[1]

PAR FÉLICIEN ROPS ET DRANER

Douze dessins juxtaposés sur la double feuille d'un journal.

I. — Une dame élégante marche vers la droite en s'abritant de son ombrelle.

Figure à mi-jambes. Signé : *D. F. R.*

Légende : En croisière.

II. — Assise sur un banc, de face, une jeune femme lit. A sa gauche, un jeune homme, nu-tête et correctement vêtu, cherche à engager la conversation.

Légende : Un grapin.

III. — Un type barbu, hirsute et dépenaillé, de face, les deux mains dans ses poches.

Figure à mi-jambes. Signé : *D. F. R.*

Légende : Un forban.

IV. — Une paysanne dont l'embonpoint excessif témoigne d'un état très intéressant s'avance, de face, un panier dans le bras gauche.

Légende : Un port de mère.

1. Parue dans le n° du 5 avril 1857.

V. — Un jeune homme, évidemment inexpérimenté, tenant des deux mains son chapeau sur son ventre, se retourne avec une émotion visible vers une femme qui s'éloigne, de dos, une ombrelle à la main.

Légende : Un novice.

VI. — Une pauvre femme, dont le grand châle abrite quelques débris de son ménage, s'approche, vue de dos, de la porte du Mont-de-piété.

Légende : Signal de détresse.

VII. — Une femme décolletée, vue presque de dos, se livre à des ébats chorégraphiques d'une haute fantaisie.

Légende : Une chaloupe.

VIII. — Un monsieur, très maigre, fait son entrée, donnant le bras à une femme énorme audacieusement décolletée.

Légende : Un pilote.

IX. — Un malheureux pierrot s'est échoué sur la paille humide d'un violon, et digère, tristement assis, les amertumes d'un lendemain de fête.

Légende : En panne.

X. — *Roulis*. — Deux *gentlemen* fortement émus par des libations répétées se soutiennent mutuellement sans parvenir à se donner une assiette solide.

XI. — *Un grain*. — L'infortuné bourgeois très mûr qui le subit, n'en mène pas large. Il s'aplatit piteusement contre le mur, et la mégère qui lui met le poing sous le nez va certainement lui arracher ses derniers cheveux.

LA PEINE DE MORT

XII. — *Le Gaillard d'arrière.* — C'est un gaillard, en effet, vigoureusement râblé, qui vient d'entrer dans la mer jusqu'aux genoux, et semble se demander si vraiment l'eau est bonne.

Légende : Le gaillard d'arrière.

95. — POÉSIE[1]

Le Poète guerrier.

Un jeune troupier offre insidieusement une fleur à une nourrice qui marche vers la gauche, portant un enfant sur les bras.

Signé à droite, en bas : *Félicien Rops.*

Légende : *Le Poète guerrier.*

De la reine des fleurs que la beauté se pare!
Il est des hommes qui sans pudeur s'en emparent,
Tandis que moi, bien loin que je m'en accapare,
Auprès de la beauté je lui z'y en fait part...

96. — ENVIRONS DE BRUXELLES

Le Supplice de Tantale.

Un chasseur arrive devant un mur orné d'un superbe écriteau où on lit : *Chasse réservée.* Aussitôt il pose son fusil et prend son chien dans ses bras, pour lui permettre de lire l'affiche qui l'arrête dans sa course.

1. Parue, avec la suivante, dans le nº du 19 avril 1857.

Signé à droite en bas : *Nimrod*.

Légende : *Le Supplice de Tantale*.

Premier barde. — Il bande, mais en vain, son arc... et ses flèches sont à côté de lui.

(Ossian, chant iv.)

97. — LA TRAITE DES BLANCHES [1]

Pristi! Maria, quelle toilette sévère!

Deux *lorettes* (style de l'époque), en grande toilette, causent debout dans la rue, devant le porche d'une église.

Signé à droite en bas : *R. et Draner*.

Légende : Pristi! Maria, quelle toilette sévère!

— Tiens, je suis baronne! Connais-tu mes armoiries?

— Oui, comme les miennes : dix lions éreintés sur fond d'or.

98. — JEAN ROUSSEAU [2]

Galerie d'Uylenspiegel.

Il est assis sur une chaise de profil à gauche, la tête de trois quarts, jambes croisées et la main droite posée sur le genou. Cheveux bruns frisés et moustache courte. De la main gauche il tient une feuille à demi roulée où on lit : *Legendre. — Échos de Paris. Salons*. Dans le fond à gauche, sur une affiche : *Figaro;* à droite : *Le Diable à Bruxelles. Courrier de Paris. Critique d'art.*

1. Parue, avec la suivante, dans le nº du 19 avril 1857.

2. Ancien collaborateur du *Figaro;* actuellement directeur des Beaux-Arts à Bruxelles. Auteur, avec Louis Himans du *Diable à Bruxelles*.

99. — EN ARDENNE[1]

La saison des travaux sérieux...

Dans la forêt, mollement étendu sur la mousse, à l'ombre d'un parasol, un jeune peintre contemple une toile absolument immaculée.

Signé en bas, en blanc : *F. R.*

LÉGENDE : La saison des travaux sérieux recommence pour les jeunes peintres.

100. — JEAN-BAPTISTE VAN MOER

Galerie d'Uylenspiegel.

Le peintre porte la moustache en brosse et une longue barbiche. Il est assis de face sur un pliant, et peint en plein air. La figure se détache sur un fond de monuments de style mauresque.

Signé en bas, à gauche : *Félicien Rops.*

101. — LES FUTURS

PAR EUGÈNE VRIEL[2]

Quatre sujets sur deux pages, sans légendes. Les personnages sont de jeunes enfants.

I. — Un gamin fait voler des hannetons.

1. Parue, avec la suivante, dans le n° du 26 avril 1857.
2. Pseudonyme de Rops. Parue dans le n° du 3 mai 1857.

II. — Un autre, en casquette, dessine attentivement, sur un mur, une figure rudimentaire.

III. — Le bonhomme s'est coupé avec un rasoir !

IV. — Un futur compositeur joue énergiquement de la trompette et du tambour.

102. — WEHR[1]

C'est un violoncelliste caricaturé de trois quarts à droite, assis, son instrument entre les jambes soutenu de la main gauche, son archet dans la main droite. Sur ses épaules est jeté un manteau à col de velours. Une assez forte moustache ombrage la bouche entr'ouverte.

Dans le fond et sur des feuillets épars, on lit : *Was ist*

1. Parue, avec la suivante, dans le nº du 17 mai 1857. Dans le corps du journal on lisait la notice suivante :

« Compatriote et ami du regrettable Henri Heine, l'artiste dont nous donnons la charge est le rival de notre Servais, et le premier violoncelliste de toute l'Allemagne, Stuttgard, Berlin, Baden, Carlsruhe, Francfort, retentissent du bruit de ses succès ; Vienne, qui fut la première à l'entendre, a gardé la mémoire des triomphantes clameurs qui saluèrent, il y a six ans, sa première apparition.

« Comme compositeur, Heinrich Wehr n'est pas moins apprécié dans les contrées germaines. Plusieurs albums musicaux, les *Blumlied*, les *Vergissmeinnicht*, des valses, des polkas ont répandu son nom, et un opéra, intitulé *Mina*, fut applaudi sur les scènes lyriques de Francfort et de Stuttgard, où il atteignit le chiffre de trente représentations.

« Heinrich Wehr vient de donner en Angleterre une série de concerts, et notre pays doit être l'hiver prochain le théâtre de nouveaux succès pour le violoncelliste, qui, Belge par sa mère, a droit à double titre aux sympathies d'un peuple, qui a inscrit au nombre de ses titres glorieux le nom d'*Ami des arts*. »

Or, l'illustre personnage n'a jamais existé que dans l'imagination de Rops. Son jardinier avait posé pour la tête !

den Deutschen Vaterland, An Heinrich Heine, Blumlied, Mina-Opera, Gretchen, Vergissmeinicht, Walses.

Signé à gauche : *Félicien Rops.*

103. — JUIF ET CHRÉTIEN

Dans une pièce obscure, séparée de la rue par une grille, un jeune homme, debout, passablement dépenaillé, parlemente avec un vieillard de mauvaise mine accoudé derrière son comptoir. Le bonhomme tient une lampe à la main. Sur le meuble, des bijoux sont épars. Le chrétien veut-il réparer les brèches faites à sa bourse par une noce trop prolongée, ou écouler discrètement le produit d'un mauvais coup ?

La seconde hypothèse est la meilleure.

On ne saurait dire exactement lequel des deux, l'affaire conclue, sera le plus volé ; mais, à coup sûr, ce sont deux voleurs.

Dans le fond, à travers les grillages, on lit : *Vins. — Débit de...*

Signé à droite, en bas : *Félicien Rops.*

Très intéressante composition.

104. — MENUS PROPOS[1]

Monsieur, voilà votre canne.

Un brave citoyen, d'un extérieur plus que négligé, coiffé d'un chapeau de paille et les mains passées dans la ceinture de son pantalon, sort de la Chambre, où il est allé

1. Parue dans le n° du 24 mai 1857.

contrôler l'attitude de ses représentants. Mais il est arrêté au passage par le portier, qui lui offre sa canne en lui réclamant un droit de vestiaire. De là le colloque.

Légende : Monsieur, voilà votre canne : c'est quinze centimes pour le vestiaire.

— Mais, mon bon, si j'avais quinze centimes en poche, je ne viendrais pas à la Chambre des Représentants.

105. — MENUS PROPOS[1]

Ne lui parlez pas de la crinoline.

Une hideuse portière debout, un poing sur la hanche, et appuyée de la main gauche sur son balai, lance vers la droite un mauvais regard souligné par un affreux sourire. Son madras, sa camisole et son jupon court constituent le plus sommaire et le moins élégant des costumes.

Légende : Ne lui parlez pas de la crinoline.

106. — JUIN[2]

Vaste composition au trait couvrant la feuille double, dans laquelle les plaisirs et les occupations particulières à ce mois de l'année sont largement et spirituellement indiqués.

1. Parue dans le n° du 7 juin 1857.

Une note publiée dans le n° du 31 mai annonçait ce dessin comme devant être « gravé sur métal au moyen d'un procédé chimique tout récemment, découvert par MM. Daudoy frères ». — « Cette invention, disait l'avis, sera connue sous le nom de Passimétallographie. » L'invention paraît être restée dans l'obscurité qu'elle méritait.

2. N° du 14 juin 1857.

Tout en haut, une grosse commère très réjouie, portant la *Clef des champs*, énorme, et peut-être en même temps la clef des cœurs, entraîne sur ses pas la foule interminable des hommes auxquels elle ouvre l'horizon des plaisirs rustiques. Au-dessous s'enchevêtrent comiquement des scènes pittoresques. Un pion rébarbatif conduit des écoliers naïfs à la chasse aux papillons; puis des gens attablés trinquent joyeusement en lampant de grands verres de *maytrank;* à côté, des amoureux, artistes, paysans, musiciens, chantent, roucoulent, effeuillent des marguerites, et... se font admonester par un bon curé. En bas, le *Fish-Club* se livre à des ébats excentriques, surprenant les nymphes rustiques dans les roseaux, rivalisant de natation avec les grenouilles, ou pêchant avec les engins les plus bizarres et les plus prohibés.

Signé à droite en bas, sur une feuille de vigne : *Félicien Rops.*

107. — EDMOND DE SCHAMPHELEER[1]

Caricature.

Il est assis dans les blés, de profil à droite, et peint en plein air. Le front, vigoureusement éclairé, est surmonté d'un toupet frisé très abondant.

---

1. Peintre paysagiste. N° du 21 juin 1857.

Dans le n° du 28 juin paraissait une composition d'une faiblesse déplorable, sous la signature prudente de *Personne*. Elle était intitulée : *Désespoir de ces dames*, avec la légende suivante :

« Pourquoi as-tu l'air si triste, Julie? — Tu ne sais donc pas que Félicien Rops le caricaturiste est mort? — Marié, tu veux dire? — C'est tout comme: il ne parlera plus de nous, et il nous donnait de l'esprit; les nouveaux dessinateurs, qui sont bêtes, nous feront dire des sottises. J'ai envie de me tirer un coup de pistolet à côté du cœur. »

108. — PORTRAITS[1]

M. Dubois, curé de Saint-Pierre.

Un bon curé, quelque peu bedonnant, mais de physionomie avenante, est debout, de face, appuyé sur sa bêche, dans un coin du jardin de son presbytère. Il s'est mis à l'aise pour travailler, et ne craint pas de compromettre sa dignité en exhibant sa culotte courte et ses manches de chemise.

La figure habilement éclairée se détache sur un fond de broussailles traité avec une légèreté extraordinaire.

Signé à droite en bas : *Félicien Rops.*

Légende : M. Dubois, curé de Saint-Pierre, arrondissement de Bastogne (Ardennes). — Fait la charité sans loi.

109. — PORTRAITS[2]

Sœur Marguerite.

Une Sœur de charité debout, de profil à droite, s'appuie de la main gauche sur le fond d'un lit, vers lequel elle conduit une petite fille malade qu'elle tient de la main droite. Les figures, largement dessinées, sont baignées dans l'atmosphère grise des grandes salles d'hôpital. Le visage de la religieuse, d'une admirable simplicité de lignes, porte le reflet de tous les sacrifices et de tous les renoncements;

1. 3 juillet 1857.
2. Parue, avec la suivante, dans le nº du 12 juillet 1857. Deux pièces très intéressantes.

son œil largement ouvert semble pénétrer au delà des limites de ce monde.

Jamais aucun peintre religieux n'a obtenu une expression plus intense par des moyens aussi simples.

Signé à droite en bas : *F. Rops.*

LÉGENDE : Sœur Marguerite — Salle Sainte-Marie — Hôpital Saint-Jean — Fait la charité sans la loi.

110. — PORTRAITS

M. l'abbé de Saint-Valéry.

Un religieux, de physionomie ascétique et sombre, est accoudé de trois quarts à droite sur une table de travail, dans un cabinet richement meublé.

Un Rodin presque macabre.

Signé à droite en bas : *Rops.*

LÉGENDE : M. l'abbé de Saint-Valéry, professeur émérite de l'université de Louvain, membre de plusieurs sociétés théologiques, décoré... etc. — Fait la loi sans la charité.

111. — ÉTUDES[1]

Et l'on dit qu'il n'y a plus de bohémiennes.

Dans une mansarde, une femme est assise, de profil à gauche, sur un matelas, les deux mains sur ses genoux enveloppés dans une jupe de soie noire. Un chapeau mal attaché sur des cheveux épars, les épaules à demi couvertes

1. Parue, avec la suivante, dans le n° du 19 juillet 1857.

sous un châle misérable, l'expression hardie et sombre d'un visage dont les traits sont distingués, tout respire la misère. C'est le désordre triomphant de l'intelligence.

La figure se détache sur un drap blanc suspendu à une corde tendue en travers de la pièce.

Signé à droite en bas : *F. Rops.*

LÉGENDE : Et l'on dit qu'il n'y a plus de bohémiennes...

112. — FISCHER[1]

Galerie d'Uylenspiegel.

Caricature.

Debout de face, sur une estrade, il conduit, en battant la mesure avec une canne mince, des chœurs esquissés dans le fond. Lui-même paraît chanter à gorge déployée.

A ses pieds, plusieurs placards portent le mot *Chœur.*

Signé à droite en bas : *Rops.*

113. — BÉRANGER[2]

Intéressante composition, qui occupe la page double.

Une vieille assise de profil à gauche devant la cheminée, lit les chansons de Béranger à deux jeunes femmes et à trois jeunes gens attentifs autour d'elle. C'est le soir, et les figures s'éclairent vivement à la flamme du foyer.

Ce groupe occupe la partie gauche du dessin.

1. Maître de chapelle à l'église Sainte-Gudule, cathédrale de Bruxelles; ancien directeur de l'orphéon des *Artisans réunis.*

2. Cette lithographie est généralement tirée sur chine rose. Parue dans le n° du 26 juillet 1857.

Dans le fond à droite, la silhouette du poète est esquissée en manière d'apparition, plus grande que nature, les mains derrière le dos, et contemplant la scène dont il est le héros.

Légende : Parlez-nous de lui, grand'mère. Parlez-nous de lui...

114. — DÉBALLAGES[1]

Le flot qui l'apporta recule épouvanté...

Une grosse femme énorme et hideuse, trempée dans la mer jusqu'aux genoux, prend son bain *à la lame*. Une vague vient de passer sur elle sans l'ébranler...

Dans le fond, au loin, une rangée de cabines.

Signé à droite en bas : *F. Rops.*

Légende : Le flot qui l'apporta recule épouvanté...

115. — DÉBALLAGES

Un effroyable pif sortit du sein des flots...

A l'extrémité d'une jetée, trois personnages sont installés dans des postures différentes. L'un d'eux regarde dans une longue-vue.

Au pied du mur, dans l'eau, apparaît la tête d'un baigneur ornée d'un nez énorme. Des mouettes voltigent autour de cette face étrange.

Signé à droite en bas : *F. Rops. Ostende, 57.*

Légende : Un effroyable pif sortit du sein des flots...

1. Parue avec la suivante dans le n° du 2 août 1857.

116. — JARDIN ZOOLOGIQUE[1]

Vois-tu, mon cher, dans ma famille...

Deux messieurs très correctement vêtus sont arrêtés debout devant la cage des singes. L'un d'eux, vu de trois quarts à gauche, tenant un cigare à la main, offre un type affreux tout à fait propre à justifier la théorie de Darwin. C'est lui qui prend la parole.

Signé à gauche en bas : *F. Rops*.

LÉGENDE : Vois-tu, mon cher, dans ma famille nous avons tous la passion des singes : — ma mère venait les voir tous les jours.

117. — FERDINAND MARINUS[2]

Galerie d'Uylenspiegel.

Caricature.

Debout devant un tableau blanc sur lequel sont tracées des figures géométriques qu'il désigne de la main droite, il interroge un élève debout. Quatre autres enfants prennent des notes. Un cinquième, à gauche, dessine le portrait du maître sur un panneau, où on lit, en capitales : ACADÉMIE DE NAMUR.

Signé à gauche en bas : *Félicien Rops*.

---

1. Parue, avec la suivante, dans le n° du 9 août 1857.
2. Il fut le professeur de Rops.

118. — OSTENDE[1]

Sans.

Une jeune femme sort de l'eau, et la mer indiscrète, collant sur elle son costume, trahit des maigreurs excessives que les vêtements de ville dissimulaient naguère au public. Un baigneur, dans le fond à droite, paraît frappé de stupeur par ce spectacle imprévu.

Signé à droite en bas : *Félicien Rops. Ostende, 57.*

Légende : Sans.

119. — OSTENDE[2]

Avec.

La dame a retrouvé ses atours, et avec eux tous ses avantages extérieurs. Elle est représentée presque de dos

1. Parue, avec la suivante, dans le n° du 16 août 1857.

2. On a vu qu'un des numéros précédents renfermait une lithographie où des jeunes femmes déploraient la disparition prochaine du jeune artiste. En effet, le 6 septembre, paraissait en tête de la première page la note suivante :

A NOS ABONNÉS

« Ceux de nos abonnés qui se rappellent le premier dessin de notre dernier numéro ne seront peut-être pas entièrement surpris d'apprendre la nouvelle, fâcheuse pour nous, sinon pour le public, que nous sommes dans l'obligation de leur annoncer.

« Des circonstances que nous déplorons, quoiqu'elles soient favorables à l'un de nos plus chers amis, obligent M. Félicien Rops, notre dessinateur, à cesser *momentanément* sa collaboration. Des travaux importants ne lui permettent pas de continuer à nous envoyer régulièrement des pierres, et la *difficulté*, l'impossibilité, pour dire mieux, où nous nous trouvons de le remplacer, nous décide à supprimer la partie lithographique.

« D'autre part, le prix assez élevé de notre journal, contrastant avec le

sur la jetée, regardant la mer, et, à ses pieds, les cabines de bains. Son costume est surtout remarquable par une vaste crinoline, sans laquelle elle apparaissait tout à l'heure sous la forme d'un simple échalas.

Signé à droite en bas : *F. Rops.*

LÉGENDE : Avec.

120. — TAUTIN[1]

Galerie d'Uylenspiegel.

Il est en scène, de face, en costume de portier, tenant son balai de la main gauche, éclairé par la lumière de la rampe.

Grande pièce signée à gauche en bas : *Félicien Rops.*

---

bon marché de la presse en général dans notre pays, restreignait dans des limites assez étroites le chiffre de nos abonnés, et était par cela même un obstacle à la réalisation du but que nous nous étions proposé, d'intéresser le plus de monde possible aux questions qui se rattachent à l'art en général, de répandre dans les masses l'amour du beau et du vrai, et d'épurer le goût par une critique sévère mais consciencieuse.

« C'est pourquoi, à partir d'aujourd'hui, nous publierons notre journal sur feuille simple, ce qui nous permet de réduire le prix d'abonnement à 12 fr. par an

« A ceux de nos abonnés qui auraient payé l'année entière sur le pied de 20 fr. il sera tenu compte de cette différence.

« Malgré cette réduction de prix, nous ferons en sorte de donner à nos lecteurs à peu près autant, de texte que par le passé, et nous continuerons la publication des charges composant la galerie d'*Uylenspiegel*, pour lesquelles M. Félicien Rops nous prêtera le concours de son spirituel crayon. Ces dessins seront tirés sur feuille séparée, et non, comme précédemment dans le corps du journal.

« Nous espérons du reste que le changement que nous annonçons ne sera que momentané... »

1. Artiste dramatique d'une laideur remarquable.

Sous le trait carré inférieur, à droite, on lit: *Lith. de J. Lots, R. des Chandeliers.*

En haut, en capitales : GALERIE D'ULENSPIEGEL. En bas : TAUTIN. — *Rôle du père Lalouette dans la « Femme qui se grise. »*

121. — LES DERNIERS FLAMANDS[1]

Et la fête des Rois de 1810...

Ils sont deux vieux époux, ridés, cassés, déformés par l'âge, et causent, assis de profil à gauche, devant le feu, à côté de la table encore servie. La bonne femme tient son verre de la main gauche, et lui, les mains croisées sur son ventre, la regarde avec un reste de tendresse souriante. Dans le fond, un portrait d'homme ovale et une grande armoire.

C'est le soir; un quinquet et la lueur du foyer éclairent la scène.

Signé à droite en bas : *Félicien Rops.*

LÉGENDE : Et la fête des Rois de 1810, c'est celle-là qui était une belle fête, hein? Mike, c'était moi le roi!

— Et moi la reine! — Et Claes le fou! — Et van Bilsen le médecin.

— Et van Cabergen le cuisinier! Était-il farce, celui-là!!!

— Je crois bien! En retournant nous avons été casser les carreaux chez Voucke, au Steen-Porte, en criant : « Vive mein heer Vandernoot! » C'était amusant!

— Souvenez-vous-en, souvenez-vous-en...

1. Cette pièce paraît avoir été donnée en prime avec le n° du 10 janvier 1858.

122. — REVUE DU MOIS[1]

Les Étrennes. — A la Monnaie. — Bal du Cirque, etc., etc.

17 sujets avec légende sur une double page.

I. — *Les Étrennes.* — Un infortuné gentleman, debout de face, élève tristement de la main gauche une longue bourse de soie parfaitement vide.

LÉGENDE : On reçoit le contenant et l'on donne le contenu.

II. — *A la Monnaie. — Reprise de Joconde.* — Le ténor, de face et les poings sur les hanches, sourit avec une évidente satisfaction de lui-même.

LÉGENDE : Carman a longtemps parcouru le monde.
Chacun le vit, de toutes parts,
Courtisant la brune et la blonde,
Aimer en bémol et bécarre!

III. — *A la Monnaie. — Reprise du Trouvère.* — Accoudé sur le rebord d'une loge, un spectateur dort.

LÉGENDE : Un Rossinien.

IV. — *A la Monnaie. — Reprise du Trouvère.* — Penché sur le rebord d'une loge, un spectateur applaudit avec frénésie.

LÉGENDE : Un Verdiste.

---

1. Ces dessins ont paru dans le nº du 7 février 1858, le premier de la troisième année de publication du Journal. Un avis placé en tête annonçait un semblable dessin pour le premier numéro de chaque mois.

V. — *A la Monnaie. — Reprise du Trouvère* (*Opinion du parterre*). — Deux spectateurs, assis, de face, sur les banquettes, mais d'allures peu distinguées, échangent leurs impressions.

Légende : Est-ce que vous savez ce qu'ils font sur le théâtre?
— Oh non! mais il ne faut pas chercher cela : c'est une pièce en italien.

VI. — *A la Monnaie.* — Un bonhomme, vu de dos, se dirige avec une attitude respectueuse vers une porte où on lit : *Direction.* Sous son bras droit, un vaste portefeuille portant ces mots : *Richard Cœur de Lion.*

Légende : Grétry vient demander à M. Letellier l'honneur d'une petite reprise.

VII. — (*Sans titre.*) — Un homme, évidemment un directeur de théâtre, à long nez, coiffé d'une casquette à large visière, court à grandes enjambées vers la gauche, emportant sous son bras, dans un vaste carton, un *vaudeville*, et sur son épaule gauche, dans un mouchoir, la *caisse* de son théâtre.

Légende : Les directeurs de théâtre, qui ont la faillite en horreur, continueront à préférer la mort à l'infamie et l'exil à la mort!

VII. — (*Sans titre*). — Une bonne femme en bonnet interpelle, dans une attitude suppliante, son bonhomme d'époux, bésicles au nez, casque à mèche en tête, et enveloppé dans une robe de chambre à ramages.

Légende : Je t'en supplie, Alfred! coupe tes favoris, cela te donne un air italien : on te prendra pour un des auteurs de l'attentat!!!

IX. — (*Sans titre.*) — Une effroyable matrone, obèse

et grêlée, les poings campés sur les hanches, s'adresse à un monsieur maigre retranché derrière son journal.

Légende : Voyez-vous, monsieur Van Clemputte ! les attentats, c'est rien ! En 1815, les Cosaques en ont bien fait cinquante attentats à ma pudeur. Ça m'a rien fait !!! Parole d'honneur !...

X. — *Bal du Cirque.* — Entre un monsieur mûr en costume de jockey et une jeune Colombine.

Légende : Tiens, Paméla, moi, je me suis déguisé en gentleman-rider.

— En gentleman ridé ? Cela te va joliment bien !...

XI. — *Bal du Cirque.* — Une Colombine à un petit homme costumé en guerrier Renaissance, en lui désignant dans le fond un Pierrot hilare.

Légende : Cuno Reiffemberg mon ami, donne-moi donc une pile à ce Pierrot, qui m'insulte.

— Je ne le connais pas assez, je n'ai pas été présenté...

XII. — *Association pour la réforme douanière.* — Deux bourgeois assis, nu-tête, échangent leurs impressions sur un orateur invisible.

Légende : Qu'est-ce qu'il dit donc l'orateur ?

— Je ne sais pas, mais j'applaudis pour l'encourager.

XIII. — *A la frontière.* — Un personnage énorme et gigantesque, vu de dos, est appréhendé, à la frontière, par trois petits douaniers fort empêchés.

Légende : Borsary[1], soupçonné de renfermer dans ses flancs une machine infernale, sera arrêté.

1. Basse comique à la Monnaie, d'un embonpoint phénoménal. On l'appelait, comme Lablache, le chanteur « éléphant ».

XIV. — *Au Jardin zoologique.* — Un personnage très chaudement vêtu contemple, de très loin, cinq ou six patineurs.

LÉGENDE : J'aime encore mieux les ours...

XV. — *A l'Exposition d'aquarelles.* — Un monsieur très pochard, appuyé nonchalamment contre un pilier de la porte, montre dédaigneusement l'affiche annonçant l'Exposition.

LÉGENDE : Des tableaux faits avec de l'eau! c'est ça qui doit être mauvais!!!

XVI. — *Au Dîner d'Uylenspiegel.* — Deux citoyens de Bruxelles, l'un en bourgeois, l'autre en costume de garde civique, causent en prenant une prise de tabac.

LÉGENDE : On a beaucoup parlé de cette machine-là : est-ce que vous ne savez pas quoi que c'était, monsieur Van Bilsen?

— Ma foi non! j'étais invité comme garde civique, mais ma femme était au lit : vous comprenez...

XVII. — *A l'Exposition d'aquarelles.* — Un bourgeois regarde attentivement une aquarelle sous l'œil sévère d'un rapin.

LÉGENDE : C'est très joli ces petites machines-là : est-ce que vous savez comment cela se fait?

— On n'en fait pas : ça se trouve comme ça tout fait, mais il faut les faire venir de loin...

123. — REVUE DU MOIS[1]

Procès Van Kylo[2]. — *Les Bals masqués.*

Suite de croquis irrégulièrement disposés.

Première page.

I. — Le banc du public. Une série de types féminins très variés, depuis la jeunesse la plus naïve, jusqu'à la matrone la plus dégourdie, debout, la main sur son ventre. A droite, un bébé coiffé d'un bourrelet se penche en avant. Au-dessous on lit : *Procès Van Kylo. Compromises dans l'affaire.*

II. — Un chapeau de femme à large visière posé sur un champignon.

LÉGENDE : Trouvé chez l'accusé. Témoigne en sa faveur.

III. — Une jeune personne langoureuse, décolletée, de trois quarts, à droite ; larges bandeaux tombants :

LÉGENDE : 1er *témoin.* — Anglaise convertie par l'accusé.

IV. — Une autre, à l'œil très vif, nu-tête, de face, dans un grand manteau.

LÉGENDE : 2e *témoin.* — Réclame le susdit chapeau.

V. — Un monsieur, de profil à droite, très chauve et d'aspect aussi repoussant que jobard.

---

1. Ces dessins ont paru dans le n° d'*Uylenspiegel* du 7 mars 1858.
2. Vicaire de Sainte-Gudule poursuivi et condamné pour adultère par le tribunal correctionnel de Bruxelles.

Légende : 3e *témoin*. — Mari d'une des dames compromises. Croit que l'accusé est un bon garçon.

VI. — Une garde-malade, de profil à gauche. Le nez bourgeonné, seul, émerge du bonnet.

Légende : 4e *témoin*. — A soigné l'accusé pendant sa maladie.

VII. — Une jeune bonne, de profil à droite. Physionomie timide, souriante et embarrassée.

Légende : 5e *témoin*. — A servi l'accusé.

VIII. — Une Sœur de charité, debout, de face, les bras croisés sur la poitrine.

Légende : 6e *témoin*. — Sœur Ursule. N'a rien vu.

IX. — Portrait de l'accusé, assis de profil à gauche, les mains croisées sur les genoux. Perruque très noire et longue, visage glabre, yeux en capote de cabriolet, nez pointu, lèvres de singe, menton fuyant, lunettes.

Légende : *L'accusé*. — Le Guillot de ce troupeau.

Deuxième page.

I. — Un couple de masques s'avance de face : la femme costumée en débardeur, l'homme, en Robert-Macaire horriblement dépenaillé.

Légende : Vois-tu, Mina, quand on a une toilette ficelée, on peut se présenter dans les sociétés les plus chiques...

II. — Une bergère potelée, de profil à droite, est interpellée par un masque coiffé d'un bonnet à coquard et maigre comme une arête.

Légende : Je crois que j'ai rencontré Mademoiselle quelque part. — Tiens, c'est vrai ! j'y vais quelquefois...

III. — Un monsieur élégamment vêtu donne un sou à un pauvre diable en haillons.

Légende : (Sous le premier) : — Un fils naturel. (Sous le second) : — (Un fils légitime.)

IV. — Un lièvre énorme, poursuivi par un gendarme, fuit au triple galop vers la droite. Sur ses oreilles gigantesques on lit, à droite : *Rapport de* 1852. *Loi Faider!! Répudiation de la poursuite d'office;* à gauche : *Rapport de* 1858. *Introduction de la poursuite d'office. Loi Tesch!*

Légende : Le lièvre[1] perd la mémoire en courant.

124. — REVUE DU MOIS [2]

Vieille mais bonne. — Le Dr Gall. — M. Lelièvre, etc.

Croquis irrégulièrement disposés.

I. — Un brave homme, son chapeau à la main, sa femme à son bras, s'efforce de regarder le soleil à travers un verre noirci de fumée. La dame profite de cette innocente distraction pour passer une lettre à un jeune godelureau.

Légende : *Vieille mais bonne.* — Comme c'est joli, joli! — On dirait que le soleil a des cornes.

II. — Un personnage, debout de face dans une tribune,

1. Ces deux lois ont été inspirées par le même principe. M. Lelièvre, représentant de Namur et bourgeois de cette ville, connu pour sa versatilité politique, avait voté contre la première loi, et avait été rapporteur de la deuxième.

2. Parue dans le n° du 4 avril 1858.

CHEZ LES TRAPPISTES

DESTRUITION
DE
SODOME

tient dans ses mains savantes deux crânes d'inégal volume. Sur le plus grand on lit : *Crétinisme.*

Légende : Le Dr Gall décide que ce crâne a appartenu à un membre du Comité de lecture.

III. — Un domestique entr'ouvre timidement la porte du *Cabinet de M. Lelièvre.* Une affreuse bonne femme en bonnet, son parapluie sous le bras, lui tend une carte énorme, où on lit : *Madame La Peur.*

Légende : M. Lelièvre n'est pas chez lui !
— Tenez, remettez-lui ma carte : il y est toujours pour moi, je suis sa conseillère intime. C'est mon représentant!!!

IV. — Un groom apporte un grand compotier de *Pommes cuites* à la porte du *Comité de lecture.*

Légende : Offertes au cabinet de lecture par les abonnés reconnaissants.

V. — Un cuisinier se prépare, avec un grand couteau, à dépecer un lièvre qu'il élève de la main gauche.

Légende : Un cauchemar de Lelièvre.

VI. — Deux spectateurs des fauteuils d'orchestre causent familièrement.

Légende : Croyez-vous que cet opéra aura beaucoup de représentations?
— Il en a déjà une demie. C'est très joli!

VII. — Trois membres du Comité de lecture attendent, dans des attitudes comiques, qu'un sou jeté en l'air retombe à terre :

Légende : *Le Comité de lecture prenant une décision.* — Si c'est pile, nous rejetons. Si c'est croix, nous votons des félicitations à l'auteur.

VIII. — Sur un banc de l'hospice des *Incurables*, — *Aveugles*, — *Sourds-Muets*, trois vieux en bonnet de coton, très déjetés, sont assis lamentablement.

LÉGENDE : Aspirants au Comité de lecture.

IX. — Une femme d'expression énergique (mais trop courte!) personnifiant la *Liberté de la presse*, marque avec une plume, sur l'épaule, des lettres *T. F.*, un gros lièvre qu'elle soulève par les oreilles. Sur le râble de l'animal on lit : *Tesch, Faider et Cie*; et, sur deux feuilles qu'il tient dans ses pattes : *Loi Faider*, 1852. — *Rapport de* 1858. *Loi Tesch.*

LÉGENDE : Maison Lelièvre et Cie. — Marque de fabrique des projets de loi contre la liberté de la presse.

X. — Le bourgmestre de *Gheel*[1], bon paysan en sabots, son bonnet de coton à la main, vu de dos, sollicite vivement un gentleman très purement vêtu de se diriger vers une *maison de santé* qu'on aperçoit non loin de là.

LÉGENDE : Le bourgmestre de Gheel engage M. de Brouckère à choisir dans sa commune les membres du Comité de lecture.

XI. — Deux bons bourgeois, mari et femme, s'en viennent bras dessus bras dessous, le visage tout maculé de noir.

LÉGENDE : Après avoir été voir l'éclipse. Effet des verres noircis.

1. Colonie d'aliénés.

XII. — Un monsieur bien mis, de profil à droite, lit une affiche ainsi rédigée : *Théâtre Royal. Prochainement une nouvelle pièce d'Agniez Scribe, pour faire oublier Hermold.*

Légende : Allons, tant mieux! L'auteur a du talent, et il prendra sa revanche.

125. — PRINTEMPS[1]

Vaste et curieuse composition au trait occupant toute la double page .

Au milieu, en haut, des poutres mal jointes et une arche en pierre forment un médaillon dont le centre est occupé par de petits bonshommes en costume de voyage, chargés de colis, se précipitant, à la suite d'une diligence, vers une ville voisine. Au-dessus, on lit : *A louer présentement, une très bonne petite ville, très malsaine.*

A gauche, des paysans se gavent de *Maytrank.* La garde civique défile pompeusement, pour le plus grand épatement des bourgeois. Des *pic-niks* s'ébattent dans l'herbe sous de gigantesques parapluies. Des gars langoureux tombent aux pieds des vachères triomphantes ; d'autres, plus passionnés, s'abattent brutalement sur d'énormes appas, qu'on leur dispute à grosses mornifles, mais sans colère. Cependant les plus entreprenants ne sont pas les garçons : les maris sont pincés par leurs légitimes, et rappelés au devoir à grands coups de fourche, malgré l'intervention des vieux, qui rigolent. Nadar, avec son objectif, photographie la scène, et des benêts couchés, à plat ventre, donnent la becquée à des petits oiseaux.

1. Parue dans le nº du 9 mai 1858.

Puis, au centre, c'est la terrible poussée des citadins se ruant sur la campagne, à pied, en voiture, à cheval, armés de chasse-papillons, de parapluies, de paniers, traînant la cohorte des enfants, des femmes, des vieillards, et des filles, à qui les petits cousins pincent les hanches, pour le désespoir des mères impuissantes. Les chiens courent en tous sens, hurlant, et les chevaux foulent des victimes. Un poète, impassible, la tête dans ses mains, est assis dans l'herbe au milieu de ses manuscrits : *Cris de mai*, *Chansons de mai*, *Soupirs de mai*, *Larmes de mai*.

A droite, les danses libertines et échevelées des kermesses joyeuses, et la farandole pesante et naïve des amours rustiques, — aux étreintes maladroites et vives, — traversée par une longue file de séminaristes en promenade, dont les yeux hagards quittent le livre de prières pour ce spectacle imprévu et troublant. Dans les blés, le garde champêtre va déranger un tendron à qui un vieux bourgmestre prend polissonnement le menton.

Et en bas à droite, esclave du grand art, un peintre barbu, devant sa toile, ne voyant rien de tout cela, demande à la nature de lui révéler *le vrai ton!*

Sur le fond, en noir, se détache le titre cintré : PRINTEMPS.

Signé à gauche en bas : *Félicien Rops*, *1858*.

126. — GARDE CIVIQUE[1]

Grande composition au trait sur la double page.

La garde civique y défile sous ses aspects les plus variés et les plus brillants.

1. Parue dans le n° du 20 juin 1858.

A gauche en haut, la garde de la banlieue s'éloigne à pied, tambour en tête et enseignes déployées. La garde civique défile en ordre irrégulier devant un état-major à cheval aussi chancelant que fantaisiste, où se révèlent les applications les plus imprévues des règles de l'équitation. Mais voilà qu'une calèche où se pavanent deux hétaïres rompt les rangs au triple galop, en dépit des efforts d'un sous officier grincheux. Puis ce sont des Anglais touristes trop curieux, qu'un autre a peine à contenir. Les bourgeois saluent chapeau bas, et les bonnes d'enfant, à l'aspect du tambour-major qui se pavane en tête, laissent choir d'admiration leurs marmots infortunés.

La revue est finie : à gauche, on se précipite sur les tonneaux de faro; à droite, la cantinière est assaillie par les jeunes guerriers, aussi tendres pour ses appas que pour son tonneau.

Enfin un pochard, cité devant le *Conseil de discipline,* aggrave singulièrement son cas en produisant, pour sa défense, un numéro de l'*Uylenspiegel!*

En haut, dans un petit cartouche supportant une couronne, on lit : *Au général Passepoil!* et au-dessous, en caractères noirs cintrés : GARDE CIVIQUE.

Signé en bas : *Félicien Rops, 58* (à rebours).

127. — LOUIS-JOSEPH-BONIFACE DEFRÉ[1]

Galerie d'Uylenspiegel.

Caricature.

Il est représenté de face. Toupet à la Louis-Philippe,

1. Parue dans le n° du 25 juillet 1858.
Membre de la Chambre des Représentants; pamphlétaire libéral, sous

sourcils épais, visage rasé sauf les favoris. Le col de chemise est rabattu. Il tient énergiquement une plume de la main droite. Devant lui, des feuillets épars, dont l'un porte ses prénoms : *Joseph-Boniface.*

Signé à gauche à hauteur des yeux : *F. Rops.*

128. — GEVAERT[1]

Bas-relief grec[2].

Caricature.

Buste de trois quarts à gauche, sommairement modelé en grisaille dans un fragment de bas-relief. Le savant professeur, nettement caractérisé par le développement significatif du nez et des lèvres, est légèrement couronné de myrte. Sur ses épaules apparaissent de petites ailes frémissantes ; à sa gauche, une lyre.

En haut à droite, on lit : Ερως, et en bas : Πραξιτελης και Φελικιαν Ροπς.

Signé à gauche en bas, dans le fond noir, sur lequel se détache le bas-relief : *F. R.*

---

le pseudonyme de Joseph Boniface. Auteur d'un roman intitulé : *Jean Fusco.* Sa fille, Mme Brou, a publié plusieurs romans sous le pseudonyme de *Jean Fusco.*

1. Compositeur de musique; auteur des *Lavandières de Saventhern. Quentin Durward, le Capitaine Henriot,* etc. Ancien inspecteur du chant à l'Opéra de Paris. Actuellement directeur du Conservatoire de Musique de Bruxelles, et maître de chapelle du Roi.

2. Parue dans le n° du 21 novembre 1858.

129. — LA COMÉDIE POLITIQUE[1]

Un métier de chien[2].

Un vieux chasseur, dont la poire à poudre contient la *Revision du Code*, et dont le carnier est remplacé par le portefeuille de la *Justice*, tue d'un coup de fusil un *Phénix*, qui laisse échapper de ses serres la *Liberté de la presse*, et la *Constitution belge*. Devant lui court un *lièvre* aux oreilles gigantesques. En haut on lit : *Surveillance spéciale de la police. Les écrivains assimilés aux forçats. Lelièvre rapporteur ! — Poursuites d'office contre la presse. Lelièvre rapporteur !*

Signé à gauche.

Légende : *Le ministre.* — Rapporte ! rapporte !!!
Lelièvre. — On me fait faire un métier de chien.

130. — LA COMÉDIE POLITIQUE[3]

L'Ours et l'Amateur des jardins.

Un gros homme en robe de chambre, dont le bonnet de coton porte *Pouvoir* et la ceinture *Libéralisme*, est étendu, endormi, les mains croisées sur le ventre, sur un tas de bulletins désignés par un écriteau : *Lauriers de mai*. Un

1. Cette lithographie paraît avoir été donnée avec le n° du 2 janvier 1859.
2. Ce sous-titre ne figure pas sur la lithographie : nous l'avons ajouté pour préciser la désignation.
3. Cette pièce paraît avoir été donnée en prime avec le n° du 16 janvier 1859.

frelon à tête humaine, personnifiant l'*Opinion publique* et la *Presse libre*, souffle à son oreille gauche dans une trompette. A droite, un ours[1] debout, portant à sa ceinture le portefeuille du *Ministère de la Justice*, soulève au-dessus de sa tête, pour l'écraser, l'énorme pavé de la *Revision du Code* et de la *Loi sur la Presse*. Entre les jambes du bonhomme, à terre, une bouteille de *Lacryma Christi*, une écuelle de *Pâté clérical* et un tas d'*Oreilles de béguines*.

Signé à droite.

Légende : L'Ours et l'Amateur des jardins.

131. — RÉOUVERTURE DE LA CHAMBRE

(18 janvier 1859)[2]

Un gros homme, vêtu d'une robe de chambre flottante et coiffé d'un bonnet de coton, sort brusquement, en bâillant et en se frottant les yeux, d'une cabine plantée sur une montagne, et au fronton de laquelle est écrit : *Cabinet*. Sa ceinture porte le mot *Libéralisme*. A gauche, un poteau indicateur, sur lequel on lit: *Route du Progrès*, 2000 *kilom.* A droite, un ours cherche à hisser un énorme pavé intitulé : *Pavé de la revision du Code. Loi sur la presse;* mais il paraît près de tomber sur neuf plumes d'oie dressées au-dessous de lui comme des lances. Au milieu, un *lièvre* fantastique s'enfuit, avec deux *rapports* attachés à la queue.

Signé à gauche : *Félicien Rops*.

Légende : *Le Libéralisme se réveillant.* — Prenez mon ours !...

1. Cet ours représente M. Tesch, ministre de la Justice à cette époque.
2. Cette pièce paraît avoir été donnée en prime avec le n° du 30 janvier 1859.

132. — LA COMÉDIE POLITIQUE[1]

L'homme à la boule.

Le Pape, debout sur la boule du monde, et portant sur sa tiare les mots *Pouvoir temporel*, est renversé par le choc, en plein visage, d'un gros livre, *la Question Romaine, par About*, et d'un boulet intitulé *Liberté Italienne.*

Signé à gauche : *Félicien Rops.*

LÉGENDE : L'homme à la boule. — Position spirituelle.

133. — LA POLITIQUE POUR RIRE

Les deux Chasseurs.

Dans un champ, deux chasseurs se disputent un *lièvre* mort. Au moment où le plus vieux, le *Catholicisme*, coiffé du tricorne de prêtre et armé d'un fusil à pierre, se baisse pour le ramasser, l'autre, en casquette, le *Jeune libéralisme*, l'arrête violemment par le poignet. Sur un écriteau à droite, on lit : *Constitution Belge. Liberté de la Presse. Défense d'entrer ici. Il y a des pas de lièvre et des armes à feu.*

Signé à droite.

LÉGENDE : Halte-là! mon vieux : celui-là, c'est moi qui l'ai tué.

1. Cette pièce et les suivantes ont dû paraître dans l'*Uylenspiegel* ou lui être destinées. Cependant elles ne figuraient pas dans les exemplaires cartonnés qui sont passés sous nos yeux. Douze de ces pièces politiques ont été réunies sous une couverture, et vendues en album par Michaux, alors libraire-éditeur aux Galeries Saint-Hubert.

134. — LA COMÉDIE POLITIQUE

Trois têtes sous le même bonnet.

Sur une feuille de l'*Écho du Parlement*[1] collée à un mur noir, est accroché un médaillon rond figurant en bas-relief trois têtes de profil à gauche se ressemblant beaucoup, placées sous un même bonnet de coton, dont la mèche voltige en avant, et dont l'ombre portée dessine une silhouette de polichinelle. Autour on lit : *Punch, Prudhomme, Louis-Philippe, Werhaegen!!!* et en bas : *Dédié au vieux Libéralisme.*

Signé à droite : *Félicien Rops.*

Dans la marge du haut, on lit : *La Comédie politique.*

Dans celle du bas : *Trois têtes sous le même bonnet.*

135. — CHRONIQUES CONSTITUTIONNELLES

Chez le Dr Cromm... [2]

Une grosse femme obèse, les épaules et la gorge horriblement découvertes, mais paraissant bien malade, s'est affaissée sur une chaise au milieu du cabinet du docteur, qu'elle vient consulter. Une mentonnière lui serre la tête.

1. Journal doctrinaire belge aujourd'hui disparu.
2. Célèbre spécialiste pour les maladies... confidentielles : le... Ricord de Bruxelles.

et un fichu est retenu autour de son cou par une broche. Sur son manteau, qui pend jusqu'à terre, on lit, en grosses lettres : *Écho du Parlement.* Debout devant elle, de profil à gauche, le prince de la science approche son mouchoir de son nez, comme pour le défendre contre des émanations fâcheuses.

Dans le fond, de chaque côté d'une porte, sont suspendus deux squelettes, au-dessus desquels on a affiché : *Conservateur conservé* et *Vieux Libéralisme.*

A droite en haut s'étale l'affiche suivante : *Traitement politique. — Guérison des affections doctrinaires et conservatrices par le Dr Cromm... Facile à suivre en secret ou à la chambre.*

Au-dessous, dans un bocal, les cadavres d'un ours et d'un lièvre réunis par une *Loi.* L'étiquette porte : *Loi Tesch-Lelièvre — mort-née — en putréfaction.*

Au-dessous encore, un bocal renferme la tête du *Président de la Chambre, conservé sans esprit;* enfin, en premier plan, un gros flacon de *Dépuratif Rops-Boiveau-Laffecteur dédié au ministère.*

Signé à gauche en bas : *Félicien Rops.*

Légende : *Chez le docteur Cromm...* — Docteur, ayez pitié d'une pauvre lorette qui est bien malade! Ce vieux papillon de Verhaegen[1] m'a laissée dans un état!...

— Ma chère, votre guérison est impossible, vos virus doctrinaires sont trop repoussants : vous êtes aussi incurable que votre Frère[2]!

1. Chef du parti libéral; fondateur de l'Université libre de Bruxelles; inventeur de la politique clérico-libérale.

2. Connu sous le nom de Frère-Orban; inventeur de la politique doctrinaire belge. A été président du Conseil plusieurs fois.

136. — UN HOMME DE MARQUE

Une femme vêtue d'un peplum, et portant une étoile au front, représente la *Liberté de la Presse*. De la main gauche, avec une plume, elle marque à l'épaule, des lettres *T.F.*, un *lièvre* qu'elle tient de la main droite par les oreilles. Entre les pattes de l'animal, terrifié, pendent deux placards intitulés *Loi Faider* et *Rapport de* 1858. — *Loi Tesch*. A gauche, un pilori prêt à le recevoir, sous un écriteau où on lit : *Pour félonie*.

Signé à droite : *Félicien Rops*.

Légende : T. F. (maison Tesch, Faider et Cie). Marque de fabrique des projets de loi contre la liberté de la presse.

137. — OTE-TOI DE LA QUE JE M'Y METTE

Un monsieur à favoris et en habit noir s'avance à grands pas, en froissant dans sa main gauche du *papier public*, vers un *Cabinet* en planches dont la porte est percée d'un trou rond par lequel on aperçoit le haut d'une figure humaine très inquiète. Au-dessous de cette ouverture on lit : *Ministère de dé*100*bre*, où le chiffre 100 se détache comme une indication caractéristique.

Signé à gauche en bas : *Félicien Rops*.

Dans la marge supérieure, le titre. Dans la marge inférieure, la légende suivante :

Légende : *Réponse à une question de cabinet (janvier 1859)*. — Une voix de l'intérieur : « Il y a quelqu'un ! » — M. H. de Brouckère[1] : « Peste !... »

1. Membre de la Chambre des Représentants, ministre d'État.

138. — REPRÉSENTANTS ET REPRÉSENTÉS

M. Lelièvre n'est pas chez lui.

Un domestique ouvre timidement la porte du *Bureau de M. Lelièvre*, et regarde avec stupeur la carte que *Madame la Peur* lui tend, sous forme d'une horrible mégère en bonnet blanc, portant un cabas plein de *Rapports*.

Signé à droite en bas : *Félicien Rops*.

Dans la marge supérieure, le titre ; dans la marge inférieure, la légende suivante :

LÉGENDE : M. Lelièvre n'est pas chez lui.
— Il y est toujours pour moi : c'est mon représentant.

139. — RIGA

Galerie d'Uylenspiegel.

Le chef d'orchestre, emporté par sa fougue, chancelle sur son tabouret et fait chavirer son pupitre. Son abondante chevelure bouclée encadre un visage élégant. Un nimbe léger plane sur sa tête. A gauche, sur un portant, on lit : *Société Thalie. Cercle Cécilia.*

LÉGENDE : En terme de géographie,
Riga dépend de la Russie ;
Mais qu'il s'agisse de musique,
Riga devient enfant de la Belgique.

139 *bis*. — NOS INTIMES

6 sujets sur une même feuille :

I. — *Abdallah* (un zouave).

II. — *Raphaël et Marécat.* (Édouard George).

III. — *Tholosan.*

IV. — *Maurice.*

V. — *Caussade* (Parade).

VI. — *Vigneux.*

En haut, on lit : *Types de la pièce. Nos Intimes* (Théâtre du Parc).

Et en bas : *Galerie d'Uylenspiegel.*

LITHOGRAPHIES

PUBLIÉES DANS LE CHARIVARI BELGE[1]

---

140. — LE DIMANCHE DES SOLDATS

L. 0,273. — H. 0,255.

Un capitaine de garde civique, le sabre au clair, interpelle son porte-drapeau, qui l'écoute en tremblant.

Signé : *Félicien Rops.*

LÉGENDE : Lieutenant Chabot, songez que vous êtes ici dans la capitale, et non pas à Dinant. Ne vous mouchez plus dans le drapeau!!!

---

1. Nous supposons, d'après renseignements fournis par des personnes dignes de foi, que les pièces suivantes ont paru dans *le Charivari belge*; mais nous n'avons pu vérifier l'exactitude de cette indication, ne connaissant aucune collection complète de ce journal. L'exemplaire récemment acquis par la Bibliothèque Royale de Bruxelles ne comprend que la période du 1er juillet 1854 au 30 juin 1856, c'est-à-dire qu'il s'interrompt précisément à l'époque où Rops aurait pu commencer à fournir des dessins. Malgré l'extrême obligeance de M. le Conservateur en chef Fétis et de notre ami Octave Maus, le distingué rédacteur de *l'Art moderne* à Bruxelles, nos recherches pour ce point sont restées vaines.

141. — CONVERSATION D'ÉTUDIANT

L. 0,207. — H. 0,235.

Une lorette décolletée, vue de dos, un genou posé sur un meuble, cause avec un jeune homme accoudé sur un sopha.

Signé : *F. Rops.*

Sans titre.

Légende : Reçois-tu le *Magasin des Demoiselles?* — J'aime mieux recevoir les demoiselles du magasin.

142. — FLEURS ET FRUITS

L. 0,212. — H. 0,235.

En cabinet particulier, une lorette décolletée, un châle rayé négligemment jeté sur les épaules, consulte la carte des vins, pendant que son compagnon, un vieux beau bedonnant, la regarde amoureusement.

Figures à mi-corps. Signé : *Félicien Rops.*

Légende ; Melon et camélia. — Melon mûr, Camélia fané.

143. — ÉTUDES BRUXELLOISES

L. 0,182. — H. 0,225.

Un marchand de sable.

Un immonde voyou debout de profil à gauche, le poing sur la hanche. A ses pieds, un chien couché.

Signé : *Félicien Rops.*

144. — L'AGE DE FER

Lithographie à la plume.

Ainsi, mon gros sylphe...

Un vieux céladon de profil perdu à droite, tenant de la main droite son chapeau derrière son dos, et élevant sa canne, de la main gauche, à hauteur de son menton, interpelle une danseuse très dodue costumée en papillon, et accoudée, de trois quarts à gauche, contre un portant de décors.

Signé à droite en bas : *Félicien Rops, 8.*

Dans la marge supérieure, on lit le titre : L'Age de fer.

Légende : Ainsi, mon gros sylphe, tu ne veux pas passer le temps avec moi?

— J'aime mieux passer avec le temps sans vous.

145. — L'AGE DE FER

Lithographie à la plume.

En ce temps-là, ma petite...

Un homme mûr et décoré, au visage glabre et le lorgnon sur le nez, s'adresse à une jeune personne qui fume négligemment un cigare. Dans le fond, le portrait du monsieur, signé : *Girodet pinx. Roma.*

Signé à gauche en bas : *Félicien Rops, 59.*

Légende : En ce temps-là, ma petite, j'étais un fameux papillon.

— Et vous finissez comme les papillons commencent, cher comte : par la chenille.

147. — VIEILLE GARDE

Une femme de profil à gauche est assise sur le coin d'un canapé, le bras droit jeté par-dessus le dossier, la main gauche sur les genoux. Très brune et déjà mûre, machinalement souriante. Son dépoitraillement livre passage à des épaules empâtées et au débordement d'une gorge gélatineuse. Le corsage, en forme de veste, pend négligemment sur le bras gauche. La jupe noire, unie et longue. Le vice enrichi, repu et dégoûtant.

Sans titre. Signé à droite en bas : *Félicien Rops.*

ILLUSTRATIONS ET AFFICHES

ALMANACH CROCODILIEN

DÉDIÉ AUX ÉTUDIANTS BELGES

Bibliothèque musulmane, 1856. — Un vol. pet. in-8°.

148. — FRONTISPICE

Gravure sur bois.

Un portique de pierre sobrement dessiné, dont le sommet, légèrement cintré, supporte la Muse des Études (*Musa Studiorum*) mollement étendue et accoudée sur le livre de Science (*Scientia*). Largement décolletée, elle fume une longue pipe à côté d'une pinte de faro. A gauche, un bourgeois se cramponne à l'un des piliers, terrifié par l'aspect de deux étudiants de 25e année entonnant, le verre en main, des refrains bachiques et libertins. En bas, contre un livre portant la date de 1856, une tête de mort la pipe à la bouche.

Cette composition figure sur la couverture en papier rose et sur le titre au deuxième feuillet. L'ouvrage se compose de 14 pages de préface et de 138 de texte dont la pagination ne commence qu'au n° 42; il est illustré de 70 vignettes, têtes de pages ou culs-de-lampe également sur bois. On y trouve des vers et de la prose. Le ton général en est gai, railleur et tintamarresque. Ces quelques phrases, inscrites au verso du faux titre, en donneront une idée :

Les embêtantes formalités requises par la loi ont été remplies avec un soin qui dénote chez nous la plus profonde horreur pour les amendes, toujours amères quoi qu'on en dise.

Tout exemplaire revêtu de notre griffe sera réputé contrefait.

La traduction de l'ouvrage n'est autorisée qu'en langue française.

Voici les titres des principaux articles : *Calendrier pour l'année bissextile 1856; Triptolème; Paillasson*, simple histoire; *Du Pompier; Trois larmes de crocodile; Pensées d'un pendu; Marche crocodilienne; Éphémérides; Réclamation de la garde civique de Poperinghe; Les Pipes cassées; Examen d'élève universitaire; Une bonne fortune de crocodile, Tambour et Camélia; Nouvelles diverses; Prédictions certaines pour l'année bissextile mais néanmoins de grâce* 1856; *Annonces; Dictionnaire crocodilien.*

Le prix de publication était d'un franc.

UYLENSPIEGEL AU SALON

PAR LES AUTEURS DES COSAQUES

Revue de l'Exposition de 1857.

Dessins de M. Félicien Rops (Société des Joyeux, 15 septembre 1857). Bruxelles, imprimerie de F. Parent, Montagne de Sion, 17. — 1857.

Un vol. format pet. in-8° carré de 16 feuillets préliminaires numérotés, pour la préface et le texte de critique correspondant aux figures, avec 14 planches de caricatures lithographiées représentant 40 sujets. Couvertures illustrées.

149. — FRONTISPICE

(Sur la couverture.)

Uylenspiegel, coiffé de son chapeau mou, et drapé dans son manteau court, ouvre la porte du *Salon*, portant de la main gauche un énorme revolver chargé, jusqu'à la gueule, d'une plume et d'un crayon.

En haut on lit : *Uylenspiegel au;* puis, sur la porte : *Salon*. Tout en bas : *Dessins par Félicien Rops*, 1 *franc*.

Signée à droite en bas du monogramme : *F. R.*

150. — POST-FACE

(Sur la couverture.)

Uylenspiegel, au premier plan, vu de dos jusqu'au jarret, s'appuie de la main gauche sur un grand écriteau dont il masque une partie, et où on lit : *Uylensp... Journal des ébats artistiq... et littéraires.* — 12 *francs pour toute la Belgique.* Il contemple la *Belgique*, représentée par une femme drapée dans un manteau marqué au bas d'un *lion* héraldique, et inscrivant au verso d'un feuillet d'un grand Livre d'or les noms de *Quinaux* et *de Groux*. Le recto du feuillet suivant porte en tête : *Belgique*, et ensuite les noms suivants : *Madou, Robbe, Cermak, Portaels, Robert, Van Hove, Rœlofs, Stevens, Fourmois, Dillens, Stroobant*. Dans le fond, la *Hollande* inscrit de même *Kinttembrouwer* et *Burnier ;* — l'*Allemagne*, — *Sussman, Hillemacher* et *Hildebrand;* — l'*Italie*, — *Dell' Aqua ;* — *la France,* — *Troyon, Bida, Chavet, Courbet, Brilloin.*

Signé à droite en bas : *F. Rops.*
Au-dessous, la légende suivante :

LÉGENDE : Tu as beau rire, petit Uylenspiegel, tu ne nous empêcheras pas d'inscrire ces noms-là dans nos livres d'or.

UYLENSPIEGEL AU SALON

Revue de l'Exposition de 1860.

Dessins de Félicien Rops[1]. — *Bruxelles, imprimerie de Veuve Parent et fils, Montagne de Sion, 17.* — *1860.*

Un vol. in-8° carré de 16 pages de texte numérotées, et 32 feuillets de caricatures lithographiées, non paginées, représentant 74 sujets. Couvertures illustrées.

151. — FRONTISPICE

(*Sur la couverture.*)

Au milieu, Uylenspiegel debout de face, le poing droit sur la hanche, est drapé dans son manteau, que soulève, en guise de rapière, un immense porte-crayon garni, d'un côté, de fusain et, de l'autre, d'une plume de fer. Il est violemment éclairé par la triple explosion d'un obus et de deux canons qui éclatent à ses pieds en pulvérisant nombre de malheureux artistes. Tout en bas, une grenouille décorée de la Légion d'honneur, tenant un goupillon de la main gauche (symbole du Jury), reçoit majestueusement les hommages de deux maigres personnages. Tandis qu'une levrette

1. Il existe de toutes ces petites pièces quelques tirages à part fort rares.

et un bouledogue, attelés à un placard portant le nom d'*Horace Vernet*, s'enfuient au triple galop, un canard enlève à droite un chapelet de personnages grotesques; un autre, en bas, porte dans son bec le nom d'*Ingres*. C'est évidemment le symbole de la Renommée.

En haut on lit : *Uylenspiegel au Salon*, et plus bas: *par Félicien Rops;* à gauche : *Office de Publicité ;* à droite : 39, *Montagne de la Cour;* tout en bas, à gauche : *1860*.

152. — POST-FACE

(*Sur la couverture.*)

En haut, la main d'Uylenspiegel puissamment dessinée jette dans le monde la brochure de l'auteur, sur laquelle on lit cette épigraphe :

Va, petit livre, et choisis ton monde; car aux choses folles, qui ne rit pas bâille; qui ne se livre pas, résiste; qui raisonne, se méprend, et qui veut rester grave en est le maître.

TOPFFER.

Au-dessous, occupant la plus grande partie de la page, un char, vu de derrière, conduit par un cocher de la *Maison Ghémar*, emmène la *Renommée* sous les traits d'une belle fille en peplum, ceinte d'un cor de chasse où se lit son nom. Debout, les bras croisés, derrière la voiture, elle regarde dédaigneusement le nain Uylenspiegel, qui essaie vainement d'enrayer les roues avec son crayon-plume.

C'est le *Départ pour la postérité*. Sur la caisse, à gauche, on lit les noms de peintres suivants : *Millet*, *Breton*, *De*

Groux, Gruvère, Van Hove, Tabar, Troyon, Dupré, Schmits, Bégas, Riotschel, Israëls, Roelofs, De Winne, de Prater, Meunier, Dubois, Fourmois, Courbet, de Knyff, de Schampheleer, Slingeneyer, Van Moer, Verwée, Dillens, Chabry, etc., etc.

Et tout en bas à droite : *Le petit Uylenspiegel ne les empêchera pas d'arriver.*

ALMANACH D'UYLENSPIEGEL

DESSINS DE FÉLICIEN ROPS

Bruxelles, chez tous les libraires. — Prix 1 fr. 25, 1861. Première année.

153. — PETITES CARICATURES

Une plaquette de 64 pages in-8°. Couverture imprimée en noir et rouge. Au verso, reproduction du frontispice du journal l'*Uylenspiegel*. En tête, le portrait de Louis de Fré. On lit en bas : *Bruxelles, à l'Office de publicité*, 59, *Montagne de la Cour.*

Suite de petites caricatures relatives aux principaux événements de l'année, avec quelques pages de texte.

154. — SALON INÉDIT

Héliogravure sur verre.

24 caricatures d'après les tableaux exposés à un Salon vers 1861. On y trouve notamment, sous le n° 631, une scène de moines d'après Léopold Robert. Les sujets sont le plus souvent groupés sur deux ou trois feuilles.

BRIGNOLIA

OU LE FOU DE VENISE

155. — VIGNETTE-FRONTISPICE

L. 0,147. — H. 0,170.

Deux hommes et deux femmes, en costumes italiens de fantaisie, dansent en s'accompagnant de tambourins.

En-tête d'un air de ballet de Noël Jocastre.

SEULE

156. — VIGNETTE-FRONTISPICE

L. 0,145. — H. 0,178.

Une femme mélancoliquement accoudée sur une fontaine contemple dans sa main un oiseau mort.

Autour, une guirlande de feuillage léger sur laquelle, en bas, se détache le titre : *Seule.*

En-tête d'une romance.

157. — AFFICHE POUR NEYT[1]

L. 0,425. — H. 0,307.

Au milieu se dresse une énorme lanterne magique, dont un voile dissimule l'opérateur, tout en laissant deviner

1. Photographe encore aujourd'hui célèbre par ses talents de cuisi-

qu'il porte une queue dont la pointe frétille. Sur le flanc de l'instrument se détache, en gigantesques capitales blanches très allongées, le nom de NEYT. Devant l'objectif, un gros singe, portant des épaulettes blanches et le shako de troupier, pose gravement, la tête en arrière, flanqué d'un compagnon et de guenons pompeusement attifées. En premier plan, huit autres singes des deux sexes et de types variés regardent des gravures, lisent des feuilles portant le nom de *Ch. Neyt*, goûtent une fiole d'*Acide*, ou se vautrent sur des sofas. Non signé.

Sur chine collé.

Dans la marge inférieure, en petites capitales, au milieu, on lit : *Lith. Simoneau et Toovey, Bruxelles.*

158. — AFFICHE POUR DANDOY

L. 0,450. — H. 0,260

A gauche, un photographe encapuchonné sous le voile professionnel braque son objectif sur un groupe de personnages placés à droite.

Au premier plan, divers objets et flacons.

En haut, on lit : *Photographie*, et sur le flanc de l'appareil : *Maison Dandoy frères, Spa.*

Sous le trait carré inférieur : *Imp. Ph. Ham.*

nier. Au point de vue professionnel, très apprécié du monde artistique, Rops avait composé pour lui également un *menu* rare et célèbre (voir *Catalogue de l'œuvre gravé*, p. 209).

159. — AFFICHE POUR L'*UYLENSPIEGEL* (*1861*)

L. 0,490. — H. 0,570.

Une femme, les cheveux pendants et les seins nus, tombe à genoux, sous le poids d'un sac énorme qu'elle porte sur ses épaules, et dont le grain s'échappe devant elle, en entraînant une confuse figure humaine indiquée au trait. Sur la partie inférieure du sac se détache en grands chiffres blancs : *1861*.

Au-dessus, assis et regardant en bas, un gamin[1] coiffé d'un bonnet de fou et chaussé de souliers à la poulaine, soutient de la main gauche une plume immense.

Grande esquisse non signée.

DERRIÈRE LE RIDEAU

PAR CAMILLE LEMONNIER, 1 vol. in-18.

160. — FRONTISPICE

Amours folâtrant derrière un rideau. Le titre courant au travers. Variante retournée du frontispice du livre de Delvau : *Le grand et le petit Trottoir*. (Voir *Catalogue de l'Œuvre gravé*, p. 294.)

1. C'est la figure symbolique d'Uylenspiegel.

161. — LE TIMBRE D'ARGENT

Procédé Gillot.

Suite de compositions couvrant une grande page et rappelant les différentes scènes de l'opéra-comique de Saint-Saëns en 9 groupes spirituellement esquissés. Au sommet, un petit Amour frappe énergiquement sur le *timbre d'argent*. Au centre, le héros, sommeillant assis et accoudé sur une table, est réveillé par une danseuse. Une légende indique dans la marge inférieure les épisodes décrits. Ce sont *Le docteur Spiridion et les deux sœurs. La Circé. La chanson napolitaine. La danse bohémienne. Le rêve. Les mendiants. La voyageuse. La loge de la danseuse. Les mendiants.*

Signé : *Marc Bruno.*

Paru dans l'*Illustration.*

162. — LA BATAILLE DE SOLFÉRINO

Bois.

Surf. couv. : L. 0,160. H. 0,105 — Trait carré : L, 0,204. H. 0,140.

A gauche un groupe de fantassins. A droite, une charge de cavalerie. Puis des masses montant à l'assaut de la colline. Ciel orageux. Sous le trait carré, on lit : *Dictionn. d'Hist. et de Géogr.; suppl.* — Publié par Vve Parent et fils, à Bruxelles.

163. — AFFICHE

POUR LES LÉGENDES FLAMANDES DE CHARLES DECOSTER

L. 0,275. — H. 0,350

Même sujet que la couverture supérieure du volume reproduit par la lithographie. (Voir : *Catalogue de l'œuvre gravé*, page 282.)

164. — EXPOSITION

DE LA SOCIÉTÉ ROYALE D'HORTICULTURE DE NAMUR

(Salle de manège.)

L. 0,212. — H. 0,149.

Des groupes de bourgeois d'une banalité révoltante errent stupidement au milieu des merveilles de la végétation tropicale. — Non signé.

Sur le même sujet a été fait un bois un peu plus petit signé : *F. Rops del.*

Sous le trait carré : *Imp. Ph. Ham, Bruxelles.*

165. — AFFICHE POUR L'*UYLENSPIEGEL* AU SALON

L. 1,490. — H. 0,720.

Même composition que celle de la couverture supérieure de la brochure *Uylenspiegel au Salon* (1860). Voir n° 151.

166. — FARIBOLES ET BAGATELLES

Procédé Gillot. — L. 0,215. — H. 0,155.

Prospectus-affiche pour un projet de publication avorté. Au centre se trouve une petite vignette représentant un Amour court vêtu à l'écossaise lançant ses flèches sur des cœurs ailés échappés d'une corbeille encore pleine sur laquelle on lit : *Souscripteurs.*

Le texte en est ainsi conçu :

Pour paraître prochainement chez Blanche éditeur, 11, rue de Loxum, Bruxelles *Fariboles et Bagatelles* (édition elzévirienne), avec un frontispice à l'eau-forte et 80 amourettes et culs-de-lampe. Texte de Henri Liesse. Dessins de Félicien Rops. — Le souscripteur s'engage à payer, au reçu du volume, le prix de... Exemplaire sur papier de Hollande, 15 francs (signature). Exemplaire sur beau papier, 6 francs (signature). Adresse...

Plier le présent bulletin, et affranchir d'un centime.

167. — AFFICHE POUR LA LIBRE PENSÉE

L. 0,455. — H. 0,640.

Au sommet, une femme à l'opulente chevelure noire se dresse de face, drapée dans un long peplum qui laisse les épaules découvertes. Autour de sa tête, comme un nimbe, sont tracés légèrement les mots : *Libre Pensée.* Le buste seul est terminé. Autour, des silhouettes d'hommes vaguement indiquées dans l'attitude du respect. Au-dessous, une composition allégorique. Une vieille mégère, la Superstition sans doute, empoigne, d'un bras énorme, un tas de bustes de personnages anciens et illustres, tels que

Louis XI, Ignace de Loyola, Louis XIV, etc., tous tenus au bout d'une ficelle, comme des marionnettes, par un jésuite au masque sardonique. Tout cela traité en simple croquis inachevé.

Sous le trait carré inférieur, on lit, de l'écriture de Rops retournée (la missive ayant été tracée sur la pierre même), les deux lignes suivantes :

Je prie M. Ham de me tirer une épreuve de ceci sur papier (ordinaire?); ensuite de grainer la pierre de nouveau, gros grain pas trop (serré?).

168. — JOURNAL DES HARAS (?)

L. 0,158. H. 0,096. — Trait carré. L. 0.176. H. 0,118.

Trois lithographies représentant des chevaux en diverses attitudes, avec les titres suivants :

Économie de l'écurie. — *La Toilette.* — Signé : *Félicien Rops.*

Conseils aux acheteurs. — *L'Examen à l'écurie.* — Signé.

Économie de l'écurie. — *Cheval malade en box* (*Diana*). — Non signé.

169. — MANET GLORIFIÉ

Composition humoristique rappelant un peu celle de *la Chrysalide* (voir *Catalogue descriptif*, p. 245), et destinée à venger Manet, le chef et le promoteur de la peinture impressionniste contemporaine, des attaques très vives dont il était l'objet dans la presse et dans le monde artistique. Nous n'avons pu en découvrir aucune épreuve qui nous permît de la décrire exactement; mais voici un extrait curieux d'une lettre de Baudelaire à Manet touchant à Rops :

11 mai 1865.

... Si vous voyez Rops, n'attachez pas trop d'importance à de certains airs violemment provinciaux (?)... Rops vous aime; Rops a compris ce que vaut votre intelligence, et m'a même confié de certaines observations faites par lui sur les gens qui vous haïssent, car il paraît que vous avez l'honneur d'inspirer la haine. Rops est le véritable artiste (dans le sens où j'entends, moi, et moi tout seul peut-être, le mot) artiste (*sic*) que j'ai (*sic*) trouvé en Belgique...

LITHOGRAPHIES DIVERSES

PIÈCES POLITIQUES

---

170. — LA DERNIÈRE INCARNATION DE VAUTRIN

Debout de face, un personnage en costume de général, botté, éperonné, l'épée au côté et le bicorne en tête, se détache sur un fond de ciel tourmenté. Sa main droite est passée entre deux boutonnières de son habit; le bras gauche est plié derrière le dos. Sur son visage un masque barbu, orné de lunettes, présente d'une manière frappante les traits de Proud'hon; mais derrière ce facies artificiel jaillissent deux longues moustaches telles que les portait l'empereur Napoléon III. A ses pieds gisent, épars, de gros volumes sur lesquels on lit: *P.-J. Proudhon. — La propriété c'est le vol. Dieu c'est le mal.*

Signé en bas, à gauche, sous le trait carré: *Félicien Rops.*

Dans la marge supérieure on lit: *Uylenspiegel.*

Dans la marge inférieure: *La dernière incarnation de Vautrin.*

171. — L'AIGLE ET LE COQ

L. 0,213. — H. 0,233.

Debout, crête haute, au milieu d'une plaine baignée dans les ombres crépusculaires, le coq gaulois garde, sous ses pattes solides, les *Pages de l'histoire de France*. Dans des nuages peuplés de fantômes plane menaçant un grand aigle noir qui semble vouloir fondre sur le vaillant coq.

Au-dessus, entre deux faux déployées, le spectre d'une tête de mort.

172. — LA MÉDAILLE DE WATERLOO[1]

L. 0,440. — H. 0,575.

Au milieu, la *Médaille de Waterloo*, ronde, d'un diamètre de 0,13 centimètres, se détache en blanc cru sur le

1. La publication de cette pièce a été pour Rops la cause d'un duel dont nous relevons la nouvelle dans un nº de la *Tamise*, journal politique quotidien publié à Londres, en français, par Armand Sédinier, en date du 14 juillet 1858, à la fin d'un Courrier de Paris signé : *L'homme aux rubans verts*, pseudonyme d'Alfred Delvau :

« A propos de duel, j'ai oublié de vous parler de celui qui a eu lieu récemment entre Félicien Rops, le Gavarni flamand, que vous connaissez sans doute, et le fils d'un officier de l'Empire.

« Rops avait publié un dessin très saisissant et très réussi, une sorte de contre-partie de la médaille de Sainte-Hélène : *La médaille de Waterloo*. Le fils d'un ancien officier de l'Empire a vu là une *offense personnelle;* il en a demandé raison à Rops, qui ne s'y est pas refusé, et tous deux se sont battus.

« Tous deux aussi ont été blessés.

« Rops va bien aujourd'hui : je viens de recevoir de ses nouvelles. »

fond sombre. Elle représente un invalide manchot et pourvu d'une jambe de bois, vu de face, s'appuyant de la main gauche sur un bâton et le chef couvert d'un immense bicorne posé en bataille. Elle est soutenue à gauche par une femme drapée, tenant de la main gauche une plume et un fouet, et retroussant sa manche avec une attitude menaçante. A droite, c'est une autre femme à moitié couverte seulement par des voiles rayés de noir et s'appuyant sur un grand crayon. Au milieu, une troisième figure de femme, emblème de la France, nue jusqu'à la ceinture, se cramponne au drapeau tricolore, sur lequel on lit : *Patrie*, pour le défendre contre les attaques de spectres-squelettes coiffés de shakos et de bonnets à poil du premier Empire, qui s'attachent à sa longue chevelure flottante et s'efforcent de la renverser. Tout le fond est rempli d'une multitude de squelettes formant des groupes et des scènes macabres. On distingue notamment, en haut à droite, un général à cheval défilant devant une haie de soldats.

En bas à gauche, une pierre tombale portant l'inscription : *Ci-gît Marco de Saint-Hilaire*. Dans le coin inférieur droit, un personnage vu de dos, debout, facilement reconnaissable à son bicorne et à sa longue *redingote grise*, la main droite derrière le dos, examine la médaille avec une longue-vue.

Signé à gauche en bas : *Félicien Rops*.

Sous le trait carré inférieur, au milieu, on lit : *Imp. Ph. Ham, rue des Pierres*, 76.

Cette pièce curieuse a été tirée sur papier blanc, sur chine collé, et sur papier teinté rose, blanc et bleu.

173. — L'ORDRE RÈGNE A VARSOVIE

L. 0,299. — H. 0,366.

En un raccourci puissant et dramatique, un cadavre à demi couvert d'un linceul noir gît sur le sol, le cœur percé d'une large blessure. C'est la *Liberté*. Au-dessus plane triomphant l'aigle de Russie à deux têtes couronnées. Dans le fond nuageux flottent des gibets et une terrible chevauchée de soldats traînant des cadavres et hissant des têtes coupées au bout de leurs piques. — Non signé.

174. — LIBERTÉ POUR TOUS

L. 0,257. — H. 0,305.

La Belgique, personnifiée par une femme étendue demi-morte sur une dalle, est déchirée, mordue, torturée par des moines acharnés contre elle. Sur une pancarte, à ses pieds, on lit : *C'est nous qui fessons et qui refessons les jolis petits, les jolis garçons*. Mais le *Libéralisme* arrive et les chasse à grands coups de bâton, sous le drapeau de la *Liberté pour tous*. Au fond à gauche, la silhouette de l'*Avenir*, c'est-à-dire la Justice, s'avance le glaive et les balances à la main droite. Le *Passé* efface dans l'ombre ses gibets sinistres. On lit de ce côté : *Mort à la Constitution! Vive Pie IX, roi des Belges!* Une fiole d'eau de la *Salette* est renversée. Au-dessous, un groupe de moines en diverses attitudes représentant la *Luxure*, l'*Orgueil*, la *Calomnie*, les *Successions*, l'*Avarice*, la *Gourmandise*, la *Paresse*, l'*Inquisition*, la *Société de Jésus et Cie*.

Signé : *F. Rops*. — Sans titre.

UN ENTERREMENT AU PAYS WALLON

175. — LA PEINE DE MORT

L. 0,255. — H. 0,330.

Une femme, les bras nus, les cheveux en désordre, à genoux sur un échafaud, élève les bras en un geste désespéré et s'étreint la tête des deux mains. A droite, se dresse sinistrement sur ses montants rigides le couperet de la guillotine. Au-dessous, comme un sol de désolation, des têtes de suppliciés ont roulé et s'entassent, à peine dissimulées par l'indication d'un linceul.

Esquisse largement traitée et profondément émouvante.

Pas de signature ni de nom d'imprimeur.

LITHOGRAPHIES DIVERSES

PIÈCES HUMORISTIQUES

176. — LECTURE DE LA BIBLE

L. 0,230. — H. 0,260.

Un vieux juif barbu, dans le style du XVIe siècle, vêtu d'une vaste houppelande et la tête enveloppée d'une sorte de bonnet, écoute la lecture que lui fait une jeune femme assise à sa gauche. Celle-ci se détache en très clair sur le fond et le personnage du premier plan.

Esquisse inachevée, sans titre.

177. — ADÈLE DULLÉ

L. 0,19. — H. 0,27.

Portrait d'une jeune actrice des Galeries Saint-Hubert vers 1858. Elle est représentée de trois quarts à gauche, à mi-corps, les yeux baissés et la tête légèrement penchée sur l'épaule gauche. Un chapeau fermé, à larges brides, encadre son joli visage, souligné par un col blanc. Robe de velours noir avec manches à gigot. L'avant-bras soutient un châle qui a glissé sur la jupe. — Signé à gauche dans le fond : *Fély Rops*.

178. — CHEZ LES TRAPPISTES[1]

L. 0,290. — H. 0,360.

Des Trappistes d'âges et d'expressions divers sont groupés, debout, autour d'un énorme rituel ouvert sur un pupitre, et dont l'un d'eux, vu de dos, leur fait un intéressant commentaire. Sur la page gauche du livre on peut lire : *Destruction de Sodome.* Toutes les physionomies sont tendues et attentives. A gauche, c'est un maigre personnage, à l'œil creux et au nez pointu, respirant, sous un demi-sourire, une finesse cauteleuse et perfide. A droite, un jeune novice écarquille des yeux étonnés, la bouche béante. Son visage enfantin se détache sur les traits énergiques d'un gros moine barbu qui lui lance un regard en coulisse, plein de... menaces ou de... promesses. Tout au fond, un vieux frère lève son nez orné de besicles, en riant, comme si le texte commenté lui était depuis longtemps familier.

Signé à droite en bas, en blanc : *F. Rops.*

Sous le trait carré intérieur à gauche, on lit : *Félicien Rops.* A droite : *Imp. de Ph. Ham, Bruxelles.* Au milieu de la marge, en grandes capitales :

CHEZ LES TRAPPISTES

Et au-dessous, en plus petits caractères :

Où l'on inculque aux enfants la morale par des bouches que l'Église seule a ouvertes.

(*D'après la lettre pastorale de Monseigneur l'Évêque de Gand. Septembre 1859.*)

1. Cette pièce est une des deux seules qui représentent l'œuvre de Rops au musée des Estampes, à Bruxelles.

179. — ENTERREMENT AU PAYS WALLON

L. 0,650. — H. 0,350.

Dans un petit cimetière de village, on vient de mettre en terre une pauvre femme. La fosse est encore béante. Debout, vu de dos, les jambes un peu écartées, tenant de la main gauche son chapeau haut de forme appuyé sur la cuisse, et son parapluie dans la main droite, revêtu de son habit noir des dimanches, tristement se tient le veuf. Devant lui, au centre, l'orphelin. Autour, le groupe des prêtres et de leurs auxiliaires. A gauche, c'est le curé, un gros homme obèse, lisant les prières funèbres ; il est flanqué de ses vicaires, l'un de profil à droite, l'autre de face les mains croisées sur son estomac, tous deux remarquables par l'idéale vulgarité de leurs traits impassibles. A droite, à côté d'une femme, qui marmotte un *De profundis* sincère, un clerc, de face, porte la grande croix ; derrière lui, dans l'attitude consacrée, le sacristain, de profil à gauche, et le bedeau un cierge à la main. Du même côté, le fossoyeur jette sur la bière les dernières pelletées de terre. A l'extrémité gauche, un enfant de chœur menace un petit chien de son goupillon. Dans le lointain, du même côté, deux porteurs causent avec une paysanne. L'horizon est limité par la haie du cimetière.

Signé à droite, en bas : *Félicien Rops.*

Sous le trait carré inférieur on lit : *Imprimerie Bertauts, Paris.*

180. — LA FEMME AU LORGNON

L. 0,210. — H. 0,282.

Tête de femme vue de profil, penchée sur l'épaule gauche. La robe, échancrée autour du cou, laisse voir la naissance de la poitrine, sur laquelle pend un lorgnon. Dans les cheveux, un ruban noir. Expression d'effronterie hébétée. Grandeur demi-nature.

Signé à gauche en haut : *F. Rops.*

181. — TÊTE DE VIEILLE ANVERSOISE

L. 0,250. — H. 0,310.

Tète de vieille femme de trois quarts à droite. Elle porte un chapeau carré, bordé de fleurs, sur une coiffe de dentelle. Son manteau noir ferme sous le menton par une barette.

Grandeur trois quarts de nature.

A été publié dans le *Magasin pittoresque.*

Signé en haut à droite : *Félicien Rops*, *Anvers*, en caractères renversés.

182. — UN MONSIEUR ET UNE DAME

L. 0,310. — H. 0,410.

Une dame assise sur un canapé de profil à gauche, mais la tête retournée de telle sorte qu'on ne peut distinguer ses traits, cause avec un monsieur penché vers elle derrière le canapé, et dont on voit le visage de trois quarts à droite. C'est un homme jeune, blond, portant moustache et pince-nez. Nous avons lieu de croire que c'est le portrait d'un de nos plus spirituels chroniqueurs contemporains.

Quant à la dame, elle est vêtue d'une robe foncée à pois blancs, avec large ceinture et bouffants de velours noir à la partie supérieure des manches. Son opulente chevelure noire est retenue par un peigne d'écaille blonde, et sa main droite, appuyée sur le dossier du siège, est seule gantée. C'était alors une artiste de drame fort distinguée, qui s'est révélée depuis comme un écrivain de talent.

Dans le fond à droite, une draperie à larges raies.

Figures à mi-jambes.

Signé au milieu, sous le trait carré : *Félicien Rops*. Au-dessous, en grandes capitales :

UN MONSIEUR ET UNE DAME

Puis, à gauche : *A. Delvau, éditeur, Paris;* et à droite : *Imp. Simonau et Toovey, Brux.*

183. — BARBEY D'AUREVILLY

L. 0,230. — H. 0,280.

Caricature très pittoresque du célèbre homme de lettres. Il est en pied, de profil à droite, sanglé dans sa redingote plissée, cheveux au vent, un vaste foulard flottant au cou, le poing sur la hanche, son chapeau et sa canne dans la main gauche gantée de crispins. Derrière lui, la silhouette de son ombre.

Signé : *F. Rops.*

En bas on lit : *Il n'a pour page que son ombre T. S.* .

184. — LE SECRET DE POLICHINELLE[1]

Héliogravure.

Une femme en costume décolleté suivant les modes du second Empire, à mi-corps de profil à droite, accoudée sur un entablement, tient dans ses mains un petit polichinelle, flasque pantin d'enfant, que son œil chercheur semble interroger.

1. Le dessin original au crayon noir appartient à M. Maurice Bonvoisin (Mars).

TABLE DES LITHOGRAPHIES

Pages.

30. — Actualités : *Capitaine. — L'illumination. — Ville de Liège. — Le lampion* 25
56. — Actualités : *Mon bon membre du Congrès de bienfaisance* . . . 41
57. — Actualités : *Comment! c'est là l'illumination?* 41
67. — Actualités : *Envahissement de l'armée belge par la crinoline* . 46
144. — Age (l') de fer : *Ainsi, mon gros sylphe* 99
145. — Age (l') de fer : *En ce temps-là, ma petite* 99
157. — Affiche pour la photographie Neyt 109
158. — Affiche pour la photographie Dandoy 110
159. — Affiche pour le journal l'*Uylenspiegel* (1861) 111
163. — Affiche pour les légendes flamandes 113
165. — Affiche pour l'*Uylenspiegel* au Salon 113
167. — Affiche pour la Libre Pensée 114
171. — Aigle (l') et le Coq 119
148. — Almanach crocodilien : *Frontispice* 103
153. — Almanach d'*Uylenspiegel* 108
83. — A nos Abonnées 53
36. — Art (l') : *Dis donc, mon cher sculpteur* 30
146. — Au beau guernadier 100
23. — Avril 19

183. — Barbey d'Aurevilly 127
15. — Barielle 11
162. — Bataille (la) de Solférino 112
113. — Béranger 70
21. — Bourgeois (les) : *Tenez, Monsieur, tout à l'heure j'étais de votre avis* 17
29. — Bourgeois (les) : *C'est le printemps, tout pousse* 25

Pages.
37. — Bourgeois (les) : *Vous allez être conseiller communal.* 30
68. — Bovie (Félix). 46
155. — Brignolia ou le Fou de Venise : *Vignette-frontispice.* 109

34. — Caricatures. 28
3. — Carman. 5
32. — Château des Fleurs : *Eh bien! vous ne fumez pas?.* 27
33. — Château des Fleurs : *Comment trouves-tu cette danseuse?.* . . 27
32*bis*. — A Cheel dans un an 27
178. — Chez les Trappistes 124
135. — Chroniques constitutionnelles : *Chez le Dr Cromm* 92
91. — Clesse (Antonin). 57
47. — Coloristes : *Tiens! voilà les petites Anglaises.* 36
48. — Coloristes : *Tu vois bien ce vieux blanc?.* 37
129. — Comédie (la) politique : *Un Métier de chien.* 89
130. — Comédie (la) politique : *L'Ours et l'Amateur des Jardins* . . . 89
132. — Comédie (la) politique : *L'Homme à la Boule.* 91
134. — Comédie (la) politique : *Trois Têtes sous le même Bonnet.* . . . 92
141. — Conversation d'étudiant. 98
46. — Cornélis 35
61. — Crinolines : *Éclipse partielle.* 43
69. — Crinolinographies : *La Crinoline remettant à la mode le Menuet.* 47
70. — Crinolinographies : *Monsieur, il ne nous reste plus qu'une stalle.* 47
75. — Crinolinographies : *Plan, coupe et élévation d'une contemporaine.* 50
76. — Crinolinographies : *Étaient-elles drôles, ces femmes!.* 50
79. — Crinolinographies : *Costume de la magistrature.* 52
80. — Crinolinographies (Borsary) 52

45. — Déballage : *Fichtre! le marquis de Finœil* 35
114. — Déballages : *Le flot qui l'apporta recule épouvanté.* 71
115. — Déballages : *Un effroyable pif sortit du sein des flots.* 71
127. — Defré (Louis-Joseph-Boniface). 87
10. — Depoitier. 9
86. — Dernier (le) des Classiques : *Les Vieilles Lunes.* 55
87. — Dernier (le) des Romantiques 55
170. — Dernière (la) Incarnation de Vautrin. 117
92. — Derniers (les) Flamands : *Voyez-vous, monsieur Coremans, Paris, c'est une ville.* 58
121. — Derniers (les) Flamands : *Et la Fête des Rois de 1810.* 75
20. — Derrière le rideau. 17
160. — Derrière le rideau : *Frontispice.* 111
140. — Dimanche (le) des soldats. 97
177. — Dullé (Adèle). 124

Pages.

8. — Édouard 8
81. — En Ardenne : *Où l'Artiste se repent* 52
82. — En Ardenne : *Par où faut-il prendre?* 53
90. — En Ardenne : *V'la co li sotte Marie-Josèphe* 57
99. — En Ardenne : *La Saison des travaux sérieux* 63
43. — En Province. Après les Fêtes : *Vous venez sans doute des Fêtes?* 34
179. — Enterrement (un) au Pays Wallon 125
96. — Environs de Bruxelles : *Le Supplice de Tantale* 61
84. — Étrennes (les) 54
111. — Études : *Et l'on dit qu'il n'y a plus de Bohémiennes* . . . 69
143. — Études bruxelloises : *Un Marchand de sable* 98
94. — Études maritimes 59
164. — Exposition de la Société royale d'horticulture de Namur . . . 113

6. — Faillites (les) de Cupidon : *V'la encore l'Invasion des Lombards*. 7
7. — Faillites (les) de Cupidon : *Eh bien, on ne reconnait pas* . . . 7
166. — Fariboles et bagatelles 114
9. — Faubourg de Cologne : *Plénipotentiaire muni d'intentions belliqueuses* 8
10. — Faubourg de Cologne : *Plénipotentiaire chargée de propositions pacifiques* 9
41. — Faubourg de Cologne : *Mademoiselle, vous n'avez pas une chambre* 33
180. — Femme (la) au lorgnon ou Buveuse d'absinthe 126
24. — Fétis 20
112. — Fischer 70
142. — Fleurs et Fruits 98
63. — Fosse aux lions 44
14. — Framboisy (les) : *Monsieur, je crois que vous venez de prendre la taille* 11
19. — Framboisy (les) : *Comment! ma chère amie, vous mettez des dentelles...?* 16
40. — Framboisy (les) : *Comment, Madame, je vous trouve en conversation* 33
65. — Framboisy (les) : *Tiens! vois-tu, Estelle, ton King Charles est joli* 45
71. — Framboisy (les) : *Regarde, mon cher, voilà une étude* 48
101. — Futurs (les) 63

Galerie d'Uylenspiegel, 8, 9, 15, 18, 20, 26, 29, 32, 35, 39, 42, 44, 46, 48, 51, 56, 62, 70, 72, 74, 87, 95 96
126. — Garde civique 86
128. — Gevaërt : *Bas-relief grec* 88
49. — Godefroid (Félix) 37
54. — Goossens 39

Pages.
116. — Jardin zoologique : *Vois-tu, mon cher, dans ma famille*. . . . 72
33 *bis*. — Jardin (au) zoologique : *Oh! queu drôle de bête...!*. 28
38. — Jardin (au) zoologique : *Les Ruches*. — *Les Ours blancs*. — *L'Hippopotame*. — *L'Éléphant*. 31
35. — Jouret (Léon) 29
168. — Journal des Haras 115
103. — Juif et Chrétien 65
106. — Juin. 66

29. — Lassen et Wienawski. 32
176. — Lecture de la Bible 123
174. — Liberté pour tous 120

169. — Manet glorifié 115
4. — Mardi-Gras 6
117. — Marinus (Ferdinand) 72
172. — Médaille (la) de Waterloo. 119
25. — Menus propos : *M. Jules, s'il vous plaît?* 21
26. — Menus propos : *Dites donc, chère tante?*. 21
53. — Menus propos : *Votre père, voyez-vous*. 39
104. — Menus propos : *Monsieur, voici votre canne* 65
105. — Menus propos : *Ne lui parlez pas de la crinoline*. 63
5. — Mercredi des Cendres : *Le Chicard du lendemain*. 6
100. — Moer (Jean-Baptiste Van) 63
145 *bis*. — Moineries. 100
108. - M. Dubois, curé de Saint-Pierre. — (*Portraits*.) 68
110. — M. l'abbé de Saint-Valéry. — (*Portraits*.). 69

72. — Nadar aîné 48
139 *bis*. — Nos intimes 96
17. — Nouvelle (la) Monnaie. Études numismatiques. 14

173. — Ordre (l') règne à Varsovie. 121
50. — Ostende : *Vois-tu, mon vieux, on a beau dire*. 37
51. — Ostende : *Seul avec l'Océan*. 38
52. — Ostende : *Qui sait où nous pousse le vent de la mer*. 38
118. — Ostende : *Sans*. 73
119. — Ostende : *Avec*. 73
137. — Ote-toi de là que je m'y mette. 94

12. — Pâques. 9
175. — Peine (la) de mort. 121
42. — Pendant les fêtes : *Monsieur je vous prie de me laisser passer*. 34
44. — Pendant les fêtes : *Je vous arrête pour être sorti dans un costume*. 35
59. — Poésie : *J'aime à voir s'émailler les splendides prairies*. . . . 42

Pages.
62. — Poésie : *Les Poètes d'Orient*. 43
66. — Poésie : *Les Poètes à la chasse*. 45
77. — Poésie : *Que fais-tu maintenant, ma blonde Juliette ?*. 51
95. — Poésie : *Le Poète guerrier*. 61
133. — Politique (la) pour rire : *Les deux chasseurs*. 91
73. — Portraits : *Elle avait le nez rouge et bleu*. 49
74. — Portraits : *De son ardente foi l'heureux dépositaire*. 49
13. — Prilleux (Victor). 10
125. — Printemps. 85
27. — Promenade au Jardin zoologique. 22
60. — Prose. — *Bouvignes*. 43
2. — Réception (la) d'un nouveau-né. 4
131. — Réouverture de la Chambre : (*18 janvier 1859*) 90
138. — Représentants et Représentés : *M. Lelièvre n'est pas chez lui* . 95
122. — Revue du mois : *Les Étrennes et la Monnaie. — Bal du cirque*, etc. 76
123. — Revue du mois : *Procès Van Kylo. — Les bals masqués*. . 80
124. — Revue du mois : *Vieille, mais bonne. — Le docteur Gall. — M. Lelièvre*, etc. 82
139. — Riga. 95
58. — Ristori (Madame) 42
64. — Robert. 44
98. — Rousseau (Jean). 62
55. — Ruggieri : (*Actualité*.). 40

88. — Sacré (Louis). 56
154. — Salon inédit. 108
107. — Schampheleer (Edmond de). 67
184. — Secret (le) de Polichinelle 128
156. — Seule : *Vignette-frontispice* 109
109. — Sœur Marguerite. — (*Portrait*.). 68
31. — Soubre. 26
93. — Souvenirs : *En attendant la confession*. 58
78. — Steveniers 51

120. — Tautin. 74
181. — Tête de vieille Anversoise 126
161. — Timbre (le) d'argent.. 112
28. — Traite (la) des Blancs : *Comment! maraud, voilà une heure*. . 24
97. — Traite (la) des Blanches : *Pristi! Maria, quelle toilette sévère!* 62
18. — Trinité photographique. 16

136. — Un Homme de marque. 94
182. — Un Monsieur et une Dame. 127
22. — Une mauvaise Charge. 18
1. — Uylenspiegel (Frontispice de l'). 3

Pages.

149. — Uylenspiegel au Salon (1857) : *Frontispice* 105
150. — Uylenspiegel au Salon (1857) : *Post-face* 105
151. — Uylenspiegel au Salon (1860) : *Frontispice* 106
151. — Uylenspiegel au Salon (1860) : *Post-face* 107

89. — Vanhove (Victor) 56
147. — Vieille Garde 101
16. — Vieilles (les) Monnaies : *Études numismatiques* 12

102. — Wehr 64
85. — Wilbrant (François) 54

TABLE DES NOMS PROPRES

A

Pages.

Ashvérus 6
Asthon 6
Auber 15

B

Baudelaire 116
Benedict 53
Bertauts 126
Bonvoisin (Maurice) 128
Borsary 15, 52 78
Bouvignes 43
Bovie 18
Bréda 34
Brillois 18
Brohan (A.) 56
Brou (Mme) 88
Brouckère (de) 84 94
Brun (Édouard) 54
Bruno (Marc) 112

Pages.

Bruxelles, 15, 29, 32, 34, 35, 42, 44, 50, 51, 62, 70, 80, 88, 92, 93 97

C

Carjat (Étienne) 42
Charles 6
Cheel 27
Cluzeau 30
Cornélis 18
Crommlinx 25, 26, 27 92

D

Dandoy 110
Dandoy 66
Delvau (Alfred) 119 127
Delville 8
Dillens 18
Drauer 59 62

E

Écho du Parlement 39

F

Pages.
Faider. 82, 84 94
Fastré. 18
Fétis 18
Figaro. 56 62
Francia. 18
Frère-Orban 93

G

Gall. 83
George (Edouard). 96
Gevaert. 18
Ghémar 16 107
Grétry 13 77

H

Hallaux (Victor). 56
Ham. 115
Haussens 15 18
Himaus (Louis). 62
Homère 20
Hovin (Victor). 42 53
Huard (L.) 18

I

Isengrin. 34

J

Jocastre (Noël. 54 109
Jouret 18

K

Karski. 54
Kylo (Van) 80

L

Pages.
Lelièvre. 82, 83, 84, 89, 93 95
Letellier. 77
Liège 25 26
Liesse (Henri). 114
Loghen 18
Louis-Philippe. 92
Louvain. 69

M

Madrid 8
Maus (Octave). 97
Méhul. 13 36
Meyerbeer 15
Michaux. 91
Molière. 13
Monnaie (La) 5, 9, 10, 12, 13,
14, 16, 26 76
Mons 57
Mossoul. 6

N

Nadar. 85
Namur. 35, 72 82
Napoléon 31
Napoléon III. 117
Naza (Gil) 18
Neyt.. 109
Nimrod. 62

P

Parade.. 96
Paris 58
Peurette 18
Pie IX 120
Pittore.. 53

Pages.
Pollaert 13 15
Proudhon (P.-J.) 117
Punch. 92

R

Racine 13
Riga. 18
Ristori 14
Rops. 3, 53. 54, 63. 67. 73, 116. 119 124
Rossini 15

S

Saint-Hubert (Galeries . . . 8. 26. 91. 123
Saint-Pierre (arrondissement de Bastogne . 68
Scarron. 22
Sclingeneyer 18
Séchan. 13
Severin. 16
Séville.. 8
Singelée. 24
Sodome 124
Stevens (A.). 18
Stevens (J.). 18
Sturb (Karl) 54

T

Pages.
Tesch. 82. 84. 90, 93 94
Thomas 18
Tisserand (Noël) . . . 38, 39. 54

V

Variétés amusantes. 20
Varsovie.. 120
Vautrin. 117
Villebelle (de 33
Villot. 18
Vizentini 15
Voltaire 13
Vriel (Jules 34, 41. 63

W

Wasme (de 16
Wauters 14
Verhaegen. 92. 93
Wicart 9. 10
Wienawski. 32
Wiertz 53
Wilbrant. 18

TABLE DES MATIÈRES

Pages.

LITHOGRAPHIES PUBLIÉES DANS L'*Uylenspiegel*. 3

LITHOGRAPHIES PUBLIÉES DANS LE *Charivari belge*. 97

ILLUSTRATIONS ET AFFICHES. 103

LITHOGRAPHIES DIVERSES. *Pièces politiques*. 117

LITHOGRAPHIES DIVERSES. *Pièces humoristiques*. 123

TABLE DES ILLUSTRATIONS

GRANDES PLANCHES

Pages.

Le dernier des Romantiques. 5
Li sotte Marie-Josèphe. 25
Juif et Chrétien. 42
La Peine de Mort. 60
Chez les Trappistes. 82
Un Monsieur et une Dame. 101
Un Enterrement au pays Wallon. 120

FLEURONS ET CULS-DE-LAMPES

Vieille garde. xvii
A nos Abonnées (La rédaction de l'*Uylenspiegel*). 3
Le Poète guerrier. 96
Sœur Marguerite. 101
Les derniers Flamands. 116
M. Dubois, curé de Saint-Pierre. 121
Nadar. 128

IMPRIMÉ

PAR

GEORGES CHAMEROT

19, rue des Saints-Pères. 19

PARIS

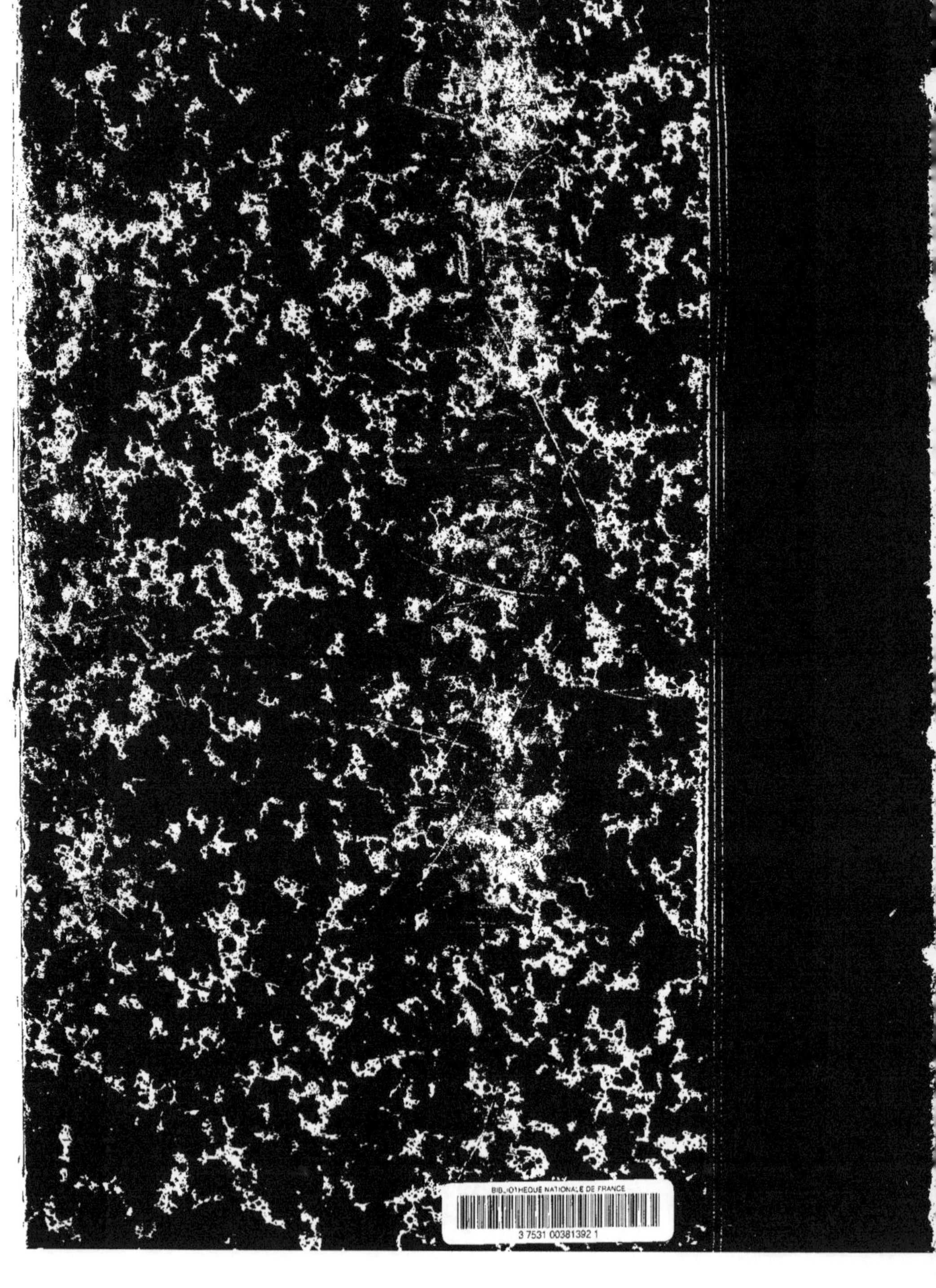

www.ingramcontent.com/pod-product-compliance
Ingram Content Group UK Ltd.
Pitfield, Milton Keynes, MK11 3LW, UK
UKHW012213240726
13966UKWH00002B/731

9 782011 914729